TURING 图灵新知

[日]
朝永振一郎
著

周自恒
译

Sin-Itiro
Tomonaga

物理是什么

人民邮电出版社
北　京

图书在版编目（CIP）数据

物理是什么 /（日）朝永振一郎著；周自恒译. --
北京：人民邮电出版社，2017.6
（图灵新知）
ISBN 978-7-115-45330-3

Ⅰ. ①物… Ⅱ. ①朝… ②周… Ⅲ. ①物理学 – 普及
读物 Ⅳ. ①O4-49

中国版本图书馆CIP数据核字(2017)第066051号

内 容 提 要

本书为日本著名物理学家、诺贝尔物理学奖得主朝永振一郎先生的物理启蒙科普作品，书中以思索"物理是什么"为线索，以宏阔视野、精深笔触，通俗讲述了从早期哲学思辨到炼金术、占星术，再到近代科学的物理体系的发展，并重点讲解了物理发展过程中的核心原理。同时，书中还收录物理大师朝永先生关于物理的反思，以及对科学与文明关系的思考，是重新认识物理的不朽名作。

◆ 著　　　　[日] 朝永振一郎
　　译　　　　周自恒
　　责任编辑　武晓宇
　　装帧设计　broussaille 私制
　　责任印制　彭志环

◆ 人民邮电出版社出版发行　　北京市丰台区成寿寺路 11 号
　　邮编　100164　电子邮件　315@ptpress.com.cn
　　网址　https://www.ptpress.com.cn
　　固安县铭成印刷有限公司印刷

◆ 开本：880 × 1230 1/32
　　印张：8.75　　　　　　　2017 年 6 月第 1 版
　　字数：202 千字　　　　　2025 年 3 月河北第 21 次印刷
　　著作权合同登记号　图字：01-2016-3968 号

定价：49.00 元

读者服务热线：(010)84084456-6009　印装质量热线：(010)81055316
反盗版热线：(010)81055315

版 权 声 明

目　录

序　章

在我们如今的生活中，处处都可以见到物理学的影子。就拿我写这本书所在的这幢公寓的小房间来说，天花板上的荧光灯发出亮光，书架上摆放着电话、收音机和磁带，角落里的电冰箱发出微弱的声响，灶台上的换气扇在不停地转动。往窗外看，数根电线架在电线杆之间，电流在电线里穿梭，传递着能量和信息。再看对面的一幢大楼，楼顶上高高竖立着特高频通信天线，下面还可以看到一个水箱，电机将水从下面抽上来，蓄积在这个水箱里。不管是对面那幢楼，还是我现在所在的这幢楼，它们的外墙之中都有钢筋，这些钢筋都要按照物理学方法测量其强度，然后再根据物理学定律进行计算并组装起来，这样才能够支撑起建筑物以抵御地震和强风。物理学这一学问已经成为支撑现代文明的骨架，我们一分一秒都离不开它。

既然我们身边很多东西都是拜物理学所赐，那么物理学到底是一门怎样的学问呢？它又是在什么时候、在哪里、由谁提出来的呢？现在那些被称为物理学家的人们，又是在为了什么而做着什么样的工作呢？这些工作又会在将来为我们带来些什么呢？

物理学家在创立物理学时离不开数学的帮助，在数学中，一般先要对其探讨的对象进行定义。当然，近代数学中也可以不定义对象，而是以无定义的公理系统作为起点。然而，对于物理学来说，我们既不可能对它进行定义，也不可能对它建立一个公理系统。因为物理学这一学问，从创立至今一直在不断变化，将来也应该会继续变化下去。

不仅是物理学，科学本身亦是如此，无论在任何时代，都是在前人的基础上进行积累和发展的。有时候，我们会继承前人的观点，并将其打造得更加完善；有时候，我们则需要打破前人的狭隘思想，开辟出新的天地——科学就是这样不断变化的。因此，在这样的变化过程中，物理学家究竟以怎样的方式做过什么，或者说正在做着什么——这样的问题我想应该还是可以回答的。

话说回来，尽管我们无法给物理学下个定义，但还是需要对它所探讨的对象以及大致的游戏规则和势力范围作一些规定。当然，这些要素也是不断变化的，在这里，我们暂且认为物理学是这样一门学问：

以观察事实为依据，探求我们身处的自然界中所发生的各种现象——但主要限于非生物的现象——背后的规律。

之所以说"主要限于非生物"，而没有完全将生物排除出去，是因为现在有一门学问叫作"生物物理学"，大家可能也都听说过。此外，"以观察事实为依据"这句话，是为了强调物理学不是一种以纯粹思辨为依据的学问。至于"自然界""现象""规律"，以及"背后""观察""思辨"这些词具体是什么意思，这里暂且不作定义，大家以自己的常识理解就好。就像以无定义的公理系统为起点的数学一样，本书不妨更进一步，斗胆通过讲述这些无定义概念的故事，对"物理是什么"这一问题做出回答。

那么，物理学这个游戏到底是从什么时候开始，在什么地方确立了其最基本的游戏规则呢？大多数学者都认为是在 16 世纪到 17 世纪的欧洲。正如前面所提到的一样，物理学这一学问也是在前人的学问的基础上发展起来的，这一点毋庸置疑。不过，在物理学出现之前，对于自然规律的探索并不都是以观察事实为依据的，这其中包含仅通过纯粹的思考来确立观点的思辨主义或神秘主义的哲学、相信任何现象都是神的旨意的宗教，以及自然哲学等学问。除此之外，还包括一些我们现在已经不认为是学问的东西，例如巫术和魔法。

话说回来，尽管巫术和魔法现在已难登学问的大雅之堂，但无论是物理学，还是它的兄弟化学，在它们的发展过程中，巫术和魔法都扮演了不可忽视的角色。具体来说，占星术之于物理学，炼金术之于化学，它们之间都有着剪不断的密切联系。

自从人类知道如何冶炼金属，以及如何预测日食和月食开始，应该说就已经有了炼金术和占星术的雏形。不过，炼金术和占星术形成后来在欧洲流行的体系，一般认为应追溯到公元前 2 世纪到公元前 1 世纪时期，位于尼罗河口的亚历山大港。

亚历山大港据说是由出身古希腊边境马其顿地区的亚历山大大帝所开创的城市。亚历山大大帝统一了当时处于内战纷争之中的各个古希腊城邦，也许是为了巩固其成果，他决定继续出兵征讨希腊的宿敌波斯，不但击败了波斯国王大流士三世的军队，还将远征的脚步拓展到印度西北部，这段历史恐怕大家都有所耳闻。亚历山大大帝在埃及的尼罗河口用自己的名字建立了一座城市，时间大约在公元前 4 世纪左右，这座城市背靠尼罗河三角洲的沃土，面向宽广的地中海，凭借优越的地理条件，逐步形成了连接地中海沿岸、波斯、阿拉伯和印度的贸易网络，造就了一个繁华的国际化大都市——亚历山大港。而且，这座城市的创始者亚历山大大帝年少时，他的父王曾请到雅典哲学家亚里士多德做他的家庭教师，因此亚历山大大帝十分热爱学术，他在亚历山大港建立了学校和大图书馆，大力鼓励学术发展。

亚历山大大帝死后，执政官托勒密一世在此建立了新王朝，但统治者对学术的热爱以及对学者的优遇依然不减，希腊本土的很多学者也开始移居至此，可以说古希腊文明的中心已经从雅典转移到了亚历山大港，希腊化文明（Hellenistic civilization）开始结出硕果。活跃于此的古希腊学者包括以几何学闻名的欧几里得、创立圆锥曲线[1]理论的阿波罗尼奥斯，以及以提出地心说而闻名于世的克劳狄乌斯·托勒密。此外，传说亚里士多德也经常从雅典到此地访问。

除了希腊派学术思想之外，亚历山大港自然也兼容并包了波斯、阿拉伯等东方派，以及埃及本土派的思想。这些思想相互融合，最终产生了一种不可思议的混合体，混合了金属冶炼和天文观测技术，古文明中的思辨主义、神秘主义和巫术，再加上人们内心深处的欲望和不安，它们相互纠缠交错，形成了一团黏糊糊的奇怪的东西，这就是我们称为炼金术和占星术的东西了。一般认为，炼金术和占星术大约是在 12 世纪左右才经过罗马传入欧洲的。

后来，炼金术和占星术在欧洲遍地开花，据说 16 世纪时，欧洲几乎每一位诸侯都有自己的占星术士。当时的政治形势十分不稳定，当需要做出重大决策时，他们就会通过占星术来决定应该如何行动。其中最有名的，莫过于首都位于布拉格的神圣罗马帝国皇帝鲁道夫二世（Rudolf II，1552—1612）了。鲁道夫二世是炼金术和占星术的狂热拥趸，他在皇宫旁边建造了一座大研究所，并从整个欧洲招募炼金术士和占星术士，让他们到这里来开展研究。鲁道夫二世之所以要建立这样一座研究所，是因为占星术可以帮助他维持政权，而炼金术可以炼金以改善财政，不过这位皇帝的脑子貌似有点问题，据说最后变得疯疯癫癫的。尽管如此，或者说正是因为如此，他对天文学的进步作

---

1. 圆锥曲线是指将圆锥体用刀切开之后所得到的曲线。圆、椭圆、双曲线、抛物线都属于圆锥曲线。相对于以直线和圆为对象的欧几里得几何学，阿波罗尼奥斯所发展的几何学是以这些圆锥曲线为基础的。

出了巨大的贡献。这样的说法看起来有点怪，但从某种意义上来说，这也正是历史的有趣之处吧。

这到底是怎么一回事呢？原来，为天文学带来划时代发展，并在真正意义上为近代物理学诞生奠定基础的德国学者开普勒（Johannes Kepler，1571—1630），正是在鲁道夫二世的庇护下，也是在这位皇帝的研究所里，完成了他的伟大发现。

自然现象的背后必然存在一定的规律，而人们最早注意到这一点，正是通过观察天体的运动。事实上，尽管方法十分原始，但人类进行天体观测，并由此创立天文学这门学问，这一历史可以追溯到有史料记载之前的上古时代。例如，中国等东方文明和古埃及文明自不必说，美洲大陆的印加和玛雅遗迹中也发现了明显是用于天文观测的建筑物痕迹。人们找到天体运行的规律之后，发现通过这些规律可以预测星星的运行，于是他们就想，能不能用这些规律来预测地上人类世界中的各种事件呢？对于生活在充满不安的世界中的古代人来说，抱有这种朴素的愿望也是无可厚非的。

后来，人们发现地上世界的气候变化与天体运行之间有着密切的联系，于是利用这一经验发明了历法。历法为人们带来了巨大的益处，于是人们就会自然而然地相信，一定存在某种占卜的方法，能够将天体运行与更广泛的事物联系起来，例如人的命运以及社会事件。

然而，即便抛开这种愿望，当我们仰望夜空中那些严格按照规律运行的繁星时，都会被这种深邃的神秘感所触动，亲身体会到在自然的最深处，一定有什么巨大的力量让这些星星准确无误地运行着。我们不禁发问，支配整个自然界运行的那最深处的规律到底是什么？正巧，星星的运动是自然现象中规律性最强的，因此从上古时代，人们就开始不断探索星星运动的规律，并以此探求那个终极问题的答案。而且，这一探求并非满足于肉眼所看到的天体运行这一现象层面的规律，而是更进一步达到了探索世界构造，也就是我们现在所说的宇宙学 [2] 的层面。

为了寻找问题的答案，我们刚才提到了亚历山大港的天文学家托勒密所创立的天文学模型，也就是地心说，这是一种以地球为中心的宇宙理论。根据这一学说，有七颗行星在围绕地球运行，分别是月球、水星、金星、太阳、火星、木星和土星，它们的运行方式是由两个圆周运动叠加而成的复合圆周运动。托勒密将其宇宙理论写成了一部长达 13 部的长篇大论，我在这里也无法具说其详，不过大体上可以理解成下面这个样子。

想必大家应该知道，我们在天上所看到的星星中有恒星也有行星，恒星在天上排列成固定的形状（即星座）一齐转动，这就好像有一个巨大的球把我们包裹在里面，这个球不停地转动，而恒星就附着在这个球的表面。星座不但形状固定，其位置也是固定的，和地面上观测的地点和时间无关，这就暗示了地球位于这个天球的中心。相对地，行星的位置不是一成不变的，它们穿行于星座之间，有时与星座同向运行，有时又与星座反向运行。行星在天球上的运行轨迹是曲折往复的，这意味着它们并不是单纯地围绕地球做圆周运动。

因此，托勒密提出，行星的运动是由两个圆周运动组合而成的。具体来说，他首先想象有一个以地球为圆心的大圆，然后再想象有一个圆心位于大圆上，并绕大圆转动的小圆，而行星则在这个小

---

2. 现在我们所说的"世界"一般指的是地球，但在当时"世界"这个词指的是宇宙。

圆上转动。其中，小圆叫作"本轮"（epicycle），而大圆叫作"均轮"（deferent）。这个模型看起来过于复杂，而且有明显的人工痕迹，但在当时的观测水平下，人们所能够看到的天球面上的所有行星运动[3]，都可以用这个模型来解释。

托勒密提出地心说是在公元 2 世纪左右，这一学说在提出之后相当长的一段时期里都占据着统治地位，大多数人都信奉这一学说，直到 16 世纪哥白尼（Nicolaus Copernicus，1473—1543）提出了日心说，才动摇了它的地位。

正如大家所知，哥白尼的日心说是一个以太阳为中心的世界观，其中水星、金星、地球、火星、木星和土星都围绕太阳运行。如果要用一句话来概括哥白尼的学说，那就是行星之所以在天球面上时而顺行时而逆行，并不是由托勒密所说的那种复合圆周运动所导致的，而是因为我们观测它们时所处的地方，也就是地球本身，同样是在运动的。进一步说，我们所看到的天体的周日运动，实际上是由于地球自转而产生的视觉现象；而天体的周年运动，则是由于地球公转而产生的视觉现象。尽管地球也在运动，但星座的大小看起来是不变的，这是因为天球本身非常大，所以相对而言，我们可以认为地球始终处于天球的中心位置，这就是哥白尼学说的内容。

如果从纯粹的数学角度来看，哥白尼的学说相当于将观察天体的视点从地球转移到了太阳，这样一来行星运动就从复合圆周运动变成了简单圆周运动，仅此而已。实际上，哥白尼发表该学说的著作序文中有这样一段前言，大意是说地心说和日心说在本质上并没有区别，

---

3. 这里所说的天球面上的行星运动，并不是指我们每天看到的东升西落的运动，而是指行星与天球之间的相对运动。以太阳为例，行星运动并不是指太阳每天从我们头顶划过的这种运动，而是指太阳每过一年回到天球上的初始位置的运动。

这段话是这样说的：

> 天文学并非试图寻找行星不规则运动的 "原因"，即便找到了该原因，也并非意味着要将其当作真理去说服他人，而只是为天文学家计算天空中日月星辰之运行提供正确的基础，因此如果对天球上所见的同一运动存在不同的假说，则天文学家将选择其中更容易解释的一种。

当然，一般认为这段前言并非出自哥白尼本人，而是出版该著作的神学家安得利亚斯·奥西安德尔（Andreas Osiander）在出版时加上去的。我们不知道这段话到底是这个人的真实观点，还是为了回避来自教廷的压力而为之，无论如何，至少哥白尼本人相信自己的工作比单纯的 "容易解释" 更有价值。事实上，哥白尼的学说包含了托勒密学说中所没有的一个重要元素，因此比后者的内容更加丰富。

关于这个重要元素，我们将稍后探讨，但无论如何，日心说不仅提出了一个比地心说更加简洁的世界观，同时将人类观察自然的视点从地球这一狭隘的世界中解放出来。这一点堪称是革命性的，称日心说标志着近代天文学的开端也正是因为这一点。在哥白尼发表其学说半个世纪之后，日心说才被真正赋予了超越 "容易解释" "内容丰富" 的意义，后来开普勒提出了他的理论，为牛顿的工作奠定了基础。

刚才的内容似乎已经偏离了占星术的话题，然而天文学得到如此发展的背后，占星术多多少少扮演了一定的角色。很多例子可以佐证这一点，据说托勒密在当时是一位颇具威望的占星术士；刚才我们提

到的天文学家开普勒，他可谓是时代的宠儿，为探求行星运行的规律
倾注了毕生的心血，最终提出了沿用至今的开普勒定律，而这一切的
起点也是因为占星术。

　　然而，我们需要关注的并不是开普勒的动机，而是他能够完成这
一伟大发现的原因，这是因为他的研究方法和前人相比有着根本性
的不同。古代哲学家所提倡的自然哲学大多不以观察作为依据，而
是带有思辨所伴随的强烈的神秘主义色彩，开普勒自身也像前人一
样，时常在神秘主义的森林中迷失方向。然而，引领他完成这一伟
大发现的并非这样的思辨，也不是巫术，而是以准确的观察事实为
依据进行严密的数学推理，这种方法是在前人身上难得一见的，而
这也正是近代物理学所采用的方法。与他同时代的另一位学者伽利
略（Galileo Galilei，1564—1642）所主张的 "实验"，也是一种前人
所未能重视的强力武器。后来，新一代学者牛顿（Sir Isaac Newton，
1642—1727）将伽利略的 "实验" 与开普勒的 "观察" 相结合，奠
定了 "以观察事实为依据探求自然规律" 这一物理学的特质。我刚才
曾说，物理学这门学问是在 16 世纪到 17 世纪确立的，指的正是这件
事。

　　刚才我们简单梳理了自然哲学如何从原始的哲学中脱胎出来形成
了物理学，又如何洗去身上的巫术和魔法痕迹。然而，为了让大家更
明确地理解古代自然哲学与物理学之间特质的差异，我们需要对开普
勒、伽利略和牛顿的工作和思想进行更具体的阐述，这也是后面的章
节所要涉及的内容。正如大家所知，伽利略曾因异端嫌疑在罗马教廷
接受审判并被判有罪，因此我们的话题必然要涉及宗教与物理学的关

系。然而，宗教与科学的关系这个命题对我来说有些过于庞大了，因此对于这个问题，我们只能浅尝辄止。

物理学的特质得以明确的 16 世纪到 17 世纪到底是怎样一个时代呢？到底是离我们很近还是很遥远呢？也许大家对于这个时间无法一下子产生具体的印象，因此我来列举同时期日本所发生的一些事件，供大家参考。哥白尼提出日心说是在 1543 年，这时火炮刚刚传入日本。此外，德川时代的数学家关孝和与牛顿正好是同一时代的人物。开普勒和伽利略位于上面两个年代的中间，当时日本正好是丰臣家灭亡，德川家兴起的时候，在牛顿诞生三年之前，日本进入了锁国时代[4]。物理学就是在这样一个时代从欧洲发展起来的。

---

4. 如果对应中国历史的话，哥白尼提出日心说时是明朝嘉靖年间，开普勒和伽利略对应明的衰落和清的兴起，而牛顿生活的年代则对应清朝顺治到康熙年间。——译者注

第一章

1. 开普勒的摸索与发现

　　作为本书的第一章第 1 节，让我们从开普勒讲起。正如之前所提到的，开普勒曾经也相信占星术的神秘教义，也许是为了维持生计，据说开普勒在年轻时也做过占星的活计。不过，他对当时的占星术士所使用的随意的、形式化的占卜方法是持怀疑态度的。

　　占星术士在占卜人的运势时，会将被占卜者诞生时的星象填写到一张标有天球十二宫的星图上，并根据星图的内容来预测被占卜者的运势。然而，开普勒对此表示怀疑：这种方法到底有什么依据呢？后来，开普勒的思想发生了转变，他认为天文学家的任务是观察天体运行的真正形态，并找出隐藏在其背后的规律。

　　开普勒的一位占星术前辈也抱有同样的想法，这个人就是开普勒十分尊敬的老师第谷·布拉赫（Tycho Brahe，1546—1601）。第谷是丹麦贵族，也是皇家御用占星师，据说他非常看不起那些拿粗制滥造的天体运行表来进行占卜的草根占星术士。因此，也许是想要绘制一张更加精密的运行表，第谷说服丹麦国王建造了一座大天文台，并配置了一台据说是当时世界最大的四分仪。第谷在这座天文台里进行了前人无法企及的高精度观测，据说这是在没有望远镜的情况下所能达到的最高的观测精度了。不仅如此，前人的运行表是根据间隔时间较长的粗略观测结果进行插值计算得到的，第谷并不满足于这样的精度，于是他改为以更密集的时间点进行实际观测。

　　然而，第谷找丹麦国王要了那么多钱，却只做一些其他占星术士都不做的观测活动，于是国王身边的人认为这是在浪费财力。面对这些人的不理解，第谷的态度十分顽固和傲慢，结果他选择离开丹麦，去投奔鲁道夫皇帝设立的那个研究所。第谷可谓声名远播，他来到布拉格的消息不胫而走，当时怀才不遇的开普勒还在靠占星维持生计，年方28岁的他听到这个消息之后，立刻动身背井离乡前往布拉格，一心想要拜第谷为师。

第谷是一位优秀的观测家，但他的数学功底似乎不是很好，因此他从四分仪上读取的大量原始数据只能原封不动地堆在手里。这些数据能够体现行星在天球上的运动，但要通过这些数据计算出行星的运行轨道需要一定的数学才能，而要论数学才能，开普勒在当时算是首屈一指的。从这个意义上来说，即便是不再相信占星术的我们，也不禁要感叹第谷与开普勒的相遇真乃"天作之合"。

第谷也十分信任他的这位学生，开普勒进入门下不久，第谷就去世了，据说在临终前他曾留下遗言，将自己所有的观测数据全部交给开普勒。拿到老师花费16年时间积累下来的精密观测数据之后，开普勒开始尝试对行星轨道进行精密的计算。

开普勒为什么要做这样的工作呢？这是因为人们一直以来相信托勒密和哥白尼的模型可以和观测数据很好地吻合，但后来发现并非如此。人们发现，根据这些模型所计算出的结果包含微小的误差，经过很长时间之后这些误差就会积累放大，与实际观测到的行星位置产生偏差，特别是火星，其理论和实测之间的偏差很大。看来是时候对这些古老的模型进行修正了。出于这样的背景，开普勒首先开始尝试利用第谷的观测数据计算火星的准确运行轨道。

在正式讲开普勒的故事之前，我们还有一个话题没说完。之前我们提到，哥白尼的日心说比托勒密的地心说拥有更加丰富的内容，关于这一点需要详细解释一下。

正如之前所讲过的，如果用一句话来概括哥白尼的学说，就是行星进退往复的原因并不是它们在做复合圆周运动，而是因作为观察者的我们所在的地球也是在运动的。大家应该都知道，当我们乘车时，窗外的电线杆、马路对面的房子以及远处的山，看起来都像是在往后退一样。这时，我们从车窗看到的各种景物的运动，实际上是车本身的运动，因此我们会觉得窗外的景物在以和车相同的速度朝相反的方向运动。同样，如果哥白尼的解释是正确的，那么托勒密模型中，任何行星在本轮上的运动，实际上都是地球本身绕太阳公转的运动。因此，所有行星的本轮应该大小相同，在本轮上的运动方式也应该相同，而且太阳绕地球的公转也应该可以用相同的方法来解释。这些事实在托勒密的学说中是不存在的。

实际上，第谷还提出过一个巧妙的模型，在承认行星本轮大小相同这一日心说观点的同时，认为地球本身是不动的。这个模型认为，太阳围绕不动的地球旋转，而水星、金星、火星、木星和土星则围绕太阳旋转。按照这个模型，行星的运动还是复合圆周运动，和托勒密模型不同的是，行星的本轮的圆心是太阳，而太阳则在均轮上运动。也就是说，这个模型把托勒密的本轮理解为均轮，把均轮理解为本轮，这是第谷模型的一大特色。此外，本轮的圆心上存在太阳这样一个实体，这也是该模型的另一大特色。因此，我们可以认为这一模型是介于托勒密和哥白尼之间的一种折中模型。

如果所有行星的本轮大小相同，那么距离我们越远的行星，其复合圆周运动的幅度看上去就越小，在天球上进退往复的振幅也就越小。因此，行星运动的振幅与其和我们之间的距离，也就是其均轮的大小是成比例的。然而，托勒密的学说中并没有阐述这一规律，也就是说，托勒密模型没有告诉我们如何计算均轮的半径。托勒密的学说认为，每个行星都有自己的运行规律，它们按照各自的规律做不同的运动，但并没有提出一个能够支配所有行星运动的统一规律。

从这一点来说，和托勒密相比，哥白尼的学说除了更容易解释之外，其内容的丰富性也远远胜于前者。不过，地球运动会不会带来什么灾难？地球运动又和宗教教义有着怎样的联系呢？这些问题需要等到伽利略出现之后才能得到解决。

刚才我们谈到了"容易解释"这个问题，但从现实来说，日心说恐怕也并不算容易解释。这一点我们后面还会再提到，那就是即便采用哥白尼的模型，围绕太阳旋转的地球以及其他行星的运动也并不能用简单的圆周运动来解释。

无论是托勒密还是哥白尼，大部分古希腊学派的天文学家都特别拘泥于圆形曲线上的均匀旋转（等角速度旋转）。这其中的原因在于，从古希腊哲学家毕达哥拉斯、柏拉图时代到亚里士多德时代，一直传承着一大原则。简单来说，那就是圆是一种没有起点和终点的曲线，而且曲线上所有部分都是均匀的（即曲线上任意部分都可以互相重合），匀速运动在时间尺度上也是均匀的，而天体运动正是没有开始、没有结束、永恒不变的，因此天体运动必然是圆形的、等角速度的。

从这一原则出发，天体做匀速圆周运动是最理想也是最容易解释的一种情况；也就是说，行星在圆形的轨道上，以等角速度围绕圆心旋转。然而实际的天体运动无法用这种简单的模型来解释，于是天文学家们开始想尽各种办法，试图在不违背 "圆形" 和 "均匀旋转" 这两个大原则的前提下解决这一问题。

以地心说中太阳围绕地球旋转的运动为例，根据观测，太阳的运动有时快有时慢。为了解释这一现象，托勒密提出地球的位置不在太阳轨道的圆心，而是在偏离圆心的位置。这一理论认为太阳依然是在圆形轨道上做匀速运动，也就是说并没有违背上述两个原则，而从地球上看起来，在近日点时太阳运动速度快，而在远日点时太阳运动速度慢。在这里，太阳的运动并不是以地球为圆心的，这被称为 "偏心圆运动"，地球所在的位置称为 "偏心点"。根据这一解释，尽管太阳实际上是做匀速圆周运动的，但由于地球与太阳之间的距离可变，因此从地球上看起来太阳的运动速度也是可变的。

在这个问题上，还存在其他的可能性，即地球虽然位于太阳轨道的圆心，但太阳并非围绕该圆心做匀速旋转，而是围绕偏离圆心的某一点以等角速度旋转。这里的**某一点**称为 "均衡点"[1]，当太阳在轨道上靠近均衡点时运动速度慢，当远离均衡点时运动速度快。在这一解释中，观测到的速度变化不是 "看起来" 的，而是实际发生的，但通过引入均衡点这一偏离圆心的点，使得其并没有违背 "均匀旋转" 的原则。这种做法实际上将距离的中心和旋转的中心相分离，尽管的确没有违背原则，但看起来总觉得有些牵强附会。不过，托勒密却将均衡点和偏心点结合起来，成为确立其世界观的强大武器。

然而，行星的进退往复运动毕竟无法仅通过偏心点、均衡点这样

---

1. 这个词原文为 equant，这是一个仅在托勒密模型中出现的词，因此中文存在各种不同的译法，其他译法包括 "偏心匀速点" "偏心等距点" "对称点" 等。——译者注

的理论来解释，必须用更复杂的机制才能说得通，这个更复杂的机制就是我们之前提到的本轮。不过，对于在均轮上运动的本轮来说，其中心也必须兼用偏心点和均衡点的机制来解释。于是，在对"圆形"和"均匀旋转"的原则做出上述这些变化之后，总算是让实测值和计算值相互吻合了。

前面我们讲了托勒密的地心说，到了哥白尼这里，尽管地球的运动很大程度上抵消了本轮的作用，然而行星的运动依然无法用简单的匀速圆周运动来解释。为了在不违背"圆形"和"均匀运动"原则的前提下与实测值相吻合，看起来还是需要一些更复杂的变化才行。然而，哥白尼却拒绝承认托勒密的强大武器——均衡点，认为这过于**牵强附会**，但这样一来，要解释行星运行速度的变化，就只能重新引入本轮。于是，哥白尼模型中所使用的本轮数量比托勒密还要多，从结果来看，日心说的确比地心说内容更加丰富，但要说是否容易解释，恐怕是半斤八两。更何况后来人们已经发现实测值和理论值产生了偏差，这表明两种理论都需要从根本上进行修正。现在轮到开普勒出场了。

火星之谜与开普勒

开普勒来到第谷门下之后，等待他的第一件事就是研究火星。当时，火星的运动是一个未解之谜，而第谷的研究室正好在研究这个问题，而且负责这项研究的人正对此束手无策，这时，开普勒把这项工作接了下来。按照开普勒的说法，就在第谷的研究室在火星问题上陷入泥潭之时，他正好到了，这一定是神的旨意。这种说法确实符合开普勒的风格，无论如何，如果没有这次机遇的话，恐怕也就没有他后来的伟大成果了。

一开始，开普勒还是采用前人的方法来进行研究。然而，前人过于拘泥于"圆形"和"均匀旋转"这两大原则，开普勒对此持怀疑态度，而且随着研究的进行，他的怀疑开始越来越重。我觉得开普勒大概是这样想的："圆形"和"均匀旋转"这两大原则，前者来自几何学，后者来自运动学，用在车轮和杠杆等组成的机械上比较合适，但对于宇宙来说，实在显得过于"机械"了。根据他的想法，太阳是产生行星运动的"物理原因"的中心，在宇宙中扮演着重要的角色，而且这应该是一种超越几何学的存在。他将火星研究的成果整理成一部著作，名叫《新天文学》。在这部著作中，开普勒反复强调了他的观点，即太阳才是让所有行星围绕其旋转的动力源。抱着这一观点，经过长期大量的计算，他终于发现行星其实是在以太阳为焦点的椭圆形轨道上运行的，其中太阳和行星之间的距离，以及行星的运行速度，都遵从同一个简洁的规律。

开普勒的发现表明，我们不能将行星当成一个受"圆形""均匀旋转"这些条条框框所支配的机械。而且，通过这一发现，开普勒更加确信，行星之所以围绕太阳运动，是因为太阳为它们提供了动力。关于几何学和运动学的古老原则，开普勒本人是这样说的："大家可能很难相信我在太阳的动力这个问题上付出了多少心血，但之所以历经如此磨难，是因为我被古老的思想所束缚，将太阳的动力牢牢拴在一台台圆形的水车上。"

接下来，我们来看一看开普勒到底是怎样完成这一重大发现的。不过，正如开普勒本人所说，他所付出的心血是难以置信的，这其中包含了十分复杂的计算过程，我们在此无法具说其详。不过，从一开始的一个模糊的想法，到最终凝结成为一个伟大的发现，通过回顾开普勒的整个思考过程，我们可以从一个侧面感受到物理学中的所谓"自然规律"，到底具有怎样的含义。

刚才我们提到，开普勒一开始是按照前人的方法来计算火星轨道的，但是他所使用的数据却是第谷观测到的最新数据。利用这些数据，开普勒获得了他的第一个成果，即对火星轨道平面[2]与地球轨道平面的夹角进行了精确的计算，同时也计算出了两个轨道平面交叉时所形成的交线的方向。这里开普勒得到了一个重要的发现，那就是太阳正好位于这两个轨道平面的交线上，这可以解释为，太阳是火星和地球共同的运动中心。

接下来，开普勒尝试计算火星围绕太阳的运动轨道。这项计算工作十分复杂，因为第谷的数据只能直接得到从地球上看到的太阳的方向，以及从地球上看到的火星的方向，但并不包含任何表示距离关系的数据。开普勒没有找到求出距离关系的方法，迫不得已，他只能利用托勒密的模型，假设轨道的形状是圆形，太阳位于偏心点，而火星围绕均衡点做等角速度运动，然后尝试用这些圆和点来拟合第谷的观测数据。

然而，即便在建立了假设的情况下，计算的过程依然极其复杂。据说开普勒的计算花费了数年的时间，在即将大功告成的时候，他发现计算得到的角度与第谷的数据有 8 分的偏差，因此宣布之前的所有工作失败。话说回来，这个误差其实非常小，因为在过去的计算中，出现几度的误差都被认为是正常的。不过开普勒的学术良心无法允许

---

2. 每颗行星的轨道都各自形成一个平面，称为轨道平面。

出现哪怕仅有 8 分的误差，如果他没有这份严谨的话，恐怕也就与后面的发现失之交臂了。

　　开普勒决定抛弃之前的假设，就在这时，他想到了一个巧妙的方法，可以用纯几何计算通过观测数据求出太阳、地球、火星这三个天体之间的距离、角度以及时间关系。尽管关于这个方法的详细解释已经超出了本书的主题，不过这个例子很好地体现了开普勒除了是一位神秘学家之外，还是一位思维缜密的思想家，因此我们将这部分内容以注释的形式展现给大家。

　　　　开普勒首先尝试计算地球围绕太阳运行的轨道，其中所采用的巧妙方法就是下面这一系列的推理过程。出于简化的需要，在这里我们假设地球和火星的轨道平面是完全重合的。刚才我们讲过，地球和火星的轨道平面是相互交叉的，并非完全重合，但其实这个夹角非常小，即便把它们当成完全重合，所产生的误差也是可以忽略的。于是，在该轨道平面上：

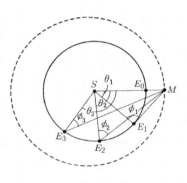

图 1

(1) 将火星、太阳和地球的位置分别记为 M、S 和 E。（参见图 1。这是一张概念性的图，并非展现实际的角度和尺度。）

(2) 当时人们已经知道，地球绕太阳运行的周期为 365 天，火星绕太阳运行的周期为 687 天。

(3) 接下来，找到一个地球位于火星和太阳中间，且三者排成一条直线的时间点（地球位于行星和太阳中间且排成一条直线的情况称为"冲"），将这个时间点记为 t_0，将该时间点地球所在的位置记为 E_0。（ S 与 E_0 的距离 $\overline{SE_0}$ 是未知的）此时火星的位置为 M。

(4) 将 687 天后的时间点记为 t_1，此时火星再次到达 M，将此时地球的位置记为 E_1（ $\overline{SE_1}$ 同样未知）。由于从地球上看到的太阳的角度变化可以通过每天的观测数据获得，因此可以知道时间点 t_1 时的 $\angle E_0 SE_1 = \theta_1$。而且，根据观测数据也可以得到从地球看到的太阳和火星间的角度 $\angle SE_1 M = \phi_1$。

(5) 已知角 θ_1 和角 ϕ_1 可以确定 $\triangle MSE_1$ 的形状，因此我们可以求出时间点 t_1 时的 $\overline{SE_1}/\overline{SM}$。（即可以求出未知的 $\overline{SE_1}$ 以 $\overline{SM}$ 为单位的相对值。）

(6) 将再经过 687 天后的时间点记为 t_2，此时按照同样的方法，可以求出 $\angle SE_2 M = \phi_2$ 以及 $\overline{SE_2}/\overline{SM}$。

(7) 将再经过 687 天后的时间点记为 t_3，此时按照同样的方法，可以求出 $\angle SE_3 M = \phi_3$ 以及 $\overline{SE_3}/\overline{SM}$。

(8) 重复上述过程，可以求出在时间点 $t_1, t_2, t_3, \cdots$ 时以太阳为中心的地球的极坐标（以 $\overline{SM}$ 为单位）。

(9) 同样，现在已知地球轨道上的点 $E_0, E_1, E_2, \cdots$，将各个点所对应的时间点 $t_1, t_2, t_3, \cdots$ 分别减去 365 的某个适当的整数倍，我们就可以得到在围绕太阳公转一周的范围内，地球经过轨道上这些点的时间。

(10) 已知轨道上的点所对应的时间，就可以求出以 $\overline{SM}$ 为单位的地球的运行速度。

通过上面的方法，我们就搞清楚了地球围绕太阳的运行方式，接下来开普勒开始解决火星运动的问题。他的推理过程如下。

在计算地球运动时，我们从火星的"冲"为出发点，根据间隔 687 天的角度 θ 和 ϕ 求出以 $\overline{SM}$ 为单位的地球的极坐标。现在，我们还是重复同样的过程，只是将时间间隔改为 "冲" 的间隔。于是，第一次 "冲" 时，设火星与太阳之间的距离为 $\overline{SM_1}$，则可求出以 $\overline{SM_1}$ 为单位的地球轨道。接下来，第二次 "冲" 时，又可以求出以此时火星与太阳的距离，即 $\overline{SM_2}$ 为单位的地球轨道。由于地球的轨道本身是不变的，因此将上面的两个数据与最初的数据进行比较，可以求出 $\overline{SM_1}/\overline{SM}$ 以及 $\overline{SM_2}/\overline{SM}$。而且，每次 "冲" 时火星的方位角（与地球的方位角一致）可以通过观测数据得到，于是可以求出第一次和第二次 "冲" 时以 $\overline{SM}$ 为单位的火星的极坐标。这样，我们就得到了每次 "冲" 时以 $\overline{SM}$ 为单位的火星的极坐标，将这些点对应的时间减去 687 的某个适当的整数倍，就可以求出火星绕太阳公转一周的范围内，火星经过轨道上各点的时间，从而求出以 $\overline{SM}$ 为单位的火星的运行速度。

这就是开普勒所想出来的方法，他的几何洞察力之敏锐，推理能力之强，让我们不禁惊叹不已。从中可以看出，他身上拥有一个普通神秘爱好者所不具备的能力，而在当时能够将几何学运用得如此纯熟的，恐怕除了开普勒之外再无他人了吧。

下面我们来看看开普勒利用这一巧妙的方法到底推导出了怎样的结果。他首先假设地球的轨道为圆形，但太阳并不位于轨道的圆心，而是位于偏离圆心 0.018 倍半径的一个点上，在这个前提下，他发现地球在远日点和近日点时的速度正好和相应的日地距离成反比。由此他推断，这一比例关系应该在除了远日点和近日点以外的其他点也能成立；也就是说，在轨道上的任意位置，速度和距离都是成反比的。不过，我们发现开普勒实际计算中所使用的关系不是速度，而是角速度×距离，实际上用角速度才是正确的，他将这一点表述为 "面积速度守恒"。

假设一个物体在以点 O 为中心的轨道 AP_1P_2B 上运动，在单位时间内从 P_1 移动到 P_2，则线段 $\overline{OP_1}$、$\overline{OP_2}$ 与弧 $\overset{\frown}{P_1P_2}$ 所包围的平面的面积，即图 2 中阴影部分的面积 S，称为关于点 O 的面积速度。

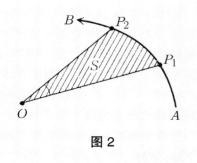

图 2

接下来再看火星的运动，按照开普勒的方法计算火星的极坐标后，发现火星的各个位置点并不位于一个圆上。刚才的计算都是基于圆形轨道的假设前提来进行的，这意味着这些计算都只不过是空中楼阁，与实测值无法吻合。

于是开普勒开始思考一个问题，既然圆形不对，那么应该是一个怎样的曲线才对呢？他首先想到的是卵形线，但是他发现这样的曲线无法满足面积速度守恒的关系。开普勒在数字和图形的迷宫中徘徊，一条路走不通就尝试另一条路，走来走去发现又回到了原点。就在他感到快要迷失方向的时候，有一天他发现在之前走过的一条路上，又遇到了一些看起来似曾相识却又好像包含什么神秘含义的数值。仔细研究之后，他终于发现了这些数值的意义，原来他所苦苦追寻的火星轨道其实是一个椭圆。

于是，开普勒终于得出了结论：火星的轨道是椭圆形，太阳位于其焦点上，且火星的速度满足面积速度守恒的关系。经过长年累月的烦琐计算，火星运动的真相终于展现在了他的眼前。

开普勒定律的提出

既然这一规律对于火星是成立的，那么对于其他行星也应该是成立的。我们刚才讲过，开普勒曾经假设地球轨道为圆形，并发现太阳位于偏离圆心 0.018 倍半径的位置，但其实地球轨道也是椭圆，太阳位于椭圆的焦点上，只不过地球的轨道十分接近圆形，因此即便将其当成圆形来对待也问题不大。于是，开普勒提出如下两条定律。

一、所有行星都沿椭圆形轨道围绕太阳运行，太阳位于轨道的一个焦点上。

二、太阳和行星的连线[3]在相等时间（例如单位时间）内所扫过的面积[4]相等。

尽管在时间上发现第二条定律在前，但习惯上我们还是将上面两条定律按顺序称为开普勒第一定律和开普勒第二定律。第二定律说的就是面积速度守恒，如果更概括一些，或者总结一条定性结论的话，第二定律的意思是行星在轨道上距离太阳近时运动速度快，距离太阳远时运动速度慢。

在这两条定律中，我们发现太阳的存在相对于各个行星来说具有十分特殊的意义。刚才我们提到过，太阳位于火星轨道平面和地球轨道平面的交线上，而根据第一定律，我们可以推出所有行星的轨道平面都相交于太阳这一点上（相对而言，地球这一点则不具备这样的特殊性）。而且，根据第二定律，所有行星距离太阳近时速度快，距离

---

3. 这条连线是移动的，因此称为"动径"。
4. "动径在单位时间内所扫过的面积"相当于图 2 中的面积 S。

太阳远时速度慢。根据上述两个事实，开普勒认为所有行星的运动都是受来自太阳的动力所支配的，这个力在距离近时较强，在距离远时较弱。

开普勒将自己从研究火星开始到最终得出结论的过程事无巨细地整理成了一本书，这就是著名的《新天文学》，这本书出版时距离他开始研究火星已经过去了八年。这部著作的全名叫作《以因果为基础的新天文学，或天体的物理学》，开普勒之所以使用了"因果"和"物理学"这两个词，原因恐怕是这样的。

太阳是行星运动的源泉，是它的力量让行星围绕自己转动，但之前的天文学家从来没有注意过这一点，只是用几何学和运动学的方式去描述行星的运动，而相对而言，开普勒所做的工作赋予了太阳作为行星运动中枢的正当地位，从而发现了正确的规律，因此开普勒是想要在标题中体现一种自负吧。从这个自负的标题来看，开普勒明显是反对奥西安德尔的观点[5]的。那么，开普勒所说的太阳的"动力"又是一个什么样的东西呢？

在探讨这个话题之前，我们先来了解一下开普勒的另一个发现，即开普勒第三定律。

开普勒提出第三定律，是在他发表《新天文学》十年之后。第一定律和第二定律是通过对地球、火星以及其他行星的运动逐一进行分析后得到的，而第三定律则有些不同，它是通过对所有行星的运动进行比较得到的，体现的是行星轨道大小及其公转周期之间的关系。

5.奥西安德尔在哥白尼的著作前言中阐述了"天文学并非试图寻找行星不规则运动的原因"这一观点，参见本书序章第10页。——译者注

行星的轨道越大，其公转一周的时间越长，这一点开普勒以前就发现了。并且，轨道大小和公转周期，也就是公转一周所需的时间，这两者之间存在定量的关系，这一点前人没有发现而被开普勒发现了。尽管和开普勒自己的表述不太一样，不过现在对这条定律一般这样表述：

三、所有行星公转周期的平方与轨道半长轴的立方之比均相等。

开普勒之所以能够找到这其中的定量关系，当然要归功于第谷数据的准确性，与此同时，如果开普勒不具备哪怕几分误差也不放过的严谨态度，恐怕也无法发现这一规律吧。实际上，开普勒在跟随第谷之前，就曾经试图寻找这其中的定量关系，但由于手上的数据不够精确，因此没有得到正确的结果。

根据阿瑟·库斯勒编著的开普勒传记，开普勒早期发现的关系形如 $R_1 : R_2 = P_1 : \frac{1}{2}(P_1 + P_2)$，其中 R_1, R_2 为两个行星的轨道半径，P_1, P_2 为公转周期。根据开普勒第三定律，正确的关系应为 $R_1 : R_2 = P_1^{2/3} : P_2^{2/3}$。

那么为什么第三定律的提出距离第一、第二定律会相隔十年之久呢？这是因为在这期间，鲁道夫皇帝驾崩，开普勒被迫离开布拉格。此外，他还经历了种种不幸，天花流行让他失去了妻子和孩子，他的母亲也因被怀疑是魔女而受到迫害，这可能也是导致第三定律姗姗来迟的原因。但无论如何，所有行星都遵从如此简洁的规律围绕太阳运行，这分明是告诉我们太阳才是支配这些行星运动的中枢。因此，对于开普勒来说，这个发现可谓是能够超越所有不幸的人生最大喜悦。

开普勒认为，行星遵从如此简洁的规律运行，正体现了上帝作为宇宙造物主的伟大神迹。完成这一发现一年之后，开普勒发表了著作《世界的和谐》，其中对于这一发现的过程是这样描述的。

如果一定要给出一个准确的日期，那么是在 1618 年 3 月 8 日，这一想法浮现在了我脑海中。然而当我进行计算时，最初并没有获得幸运的眷顾，我认为这个想法是错误的，并放弃了它。后来，在 5 月 15 日它再次向我走来，而且生活的新开始让我克服了精神中的阴影。这一次，我 17 年来对第谷的观测所进行的研究，与我此时萌发的想法完美地吻合了，一开始我还以为自己是在做梦……

开普勒在另外一本书中写道：

18 个月前看到最初的曙光，3 个月前迎来朝阳，尽管我只得见区区数日的阳光，然而现在无论任何人都已无法再压迫我……我掷出骰子，并决定为现在以及后世留下一部著作。对我来说，现在也好，后世也好，并无不同。这部著作也许将在今后的百年间一直静静等待它的读者，但我对此并不在意……

事实上，开普勒三定律一直默默无闻，直到牛顿在其知名著作《自然哲学之数学原理》中提及之后，才进入人们的视野，这一等就是差不多 70 年。

最后，我们再来探讨一下开普勒所说的 "太阳的动力" 到底是什么。关于这一动力，到牛顿出现之后才得到了正确的解释，开普勒自身还没有找到真正的答案，因此他对此提出了很多不同的理论，摇摆不定，难以捉摸。之前我们曾提到过，开普勒发现三定律所使用的正是近代物理学的方法，但他的思维方式却依然徘徊在神秘的森林中。刚才我们所说的《世界的和谐》一书，其实大部分讲的都是神秘学的内容（包括占星术，但他对此持批判态度），但其中就突然冒出了三定律。

　　介绍开普勒的神秘学爱好并非本书的主旨，因此我也不想在这个话题上浪费太多的篇幅。为了说明开普勒的著作《世界的和谐》到底有多神秘，我从岛村福太郎先生的译本中引用了第四卷和第五卷目录中的一部分，并加入了一些注释。首先看第四卷：

第一章　论感性与理性和谐比例的本质
第二章　数，以及与和谐相关的心灵能力的特质
第三章、第四章　略
第五章　论有效星位的原因，以及其数和等级的排列
第六章　在星相与音乐中的协和音之间，关于数及其原因存在怎样的近似性
第七章　关于地面上的自然以及低心灵能力的后记，特别是关于占星术所依据的自然

其中最后三章阐述了他对占星术的观点。
接下来的第五卷，内容似乎更像天文学了，目录如下：

第一章　论五种正多面体
第二章　论五种正多面体与和谐比例的相似性
第三章　在观察天体和谐时所必需的主要天文学定律
第四章　造物主规定的行星运动中如何体现和谐比例
第五章　观测到的行星运动的比例中，体现了其体系中的各个阶段，正如音乐中大小调的音阶
第六、第七、第八、第九章　略

先来解释一下第一章和第二章。早在古希腊时期，人们就已经知道只存在五种正多面体，即正四面体、正六面体（正方体）、正八面体、正十二面体和正二十面体，以毕达哥拉斯学派为代表的古希腊哲学家一直在思考这种立体形状中蕴含了怎样的神秘要素。于是，毕达哥拉斯学派认为，五大元素（地、水、火、风、以太）与五种正多面体之间一定存在某种神秘的联系。开普勒深受毕达哥拉斯学派的影响，他认为水、金、地、火、木、土这六颗行星与五种正多面体之间也存在某种神秘的联系，即如果把六颗行星的轨道想象成六个天球，那么这六个天球之间就形成了五个空间，这其中必然存在一定的联系。开普勒首先在最大的球里面作内接正六面体，然后在这个六面体里面作内接的球，接下来在这个球里面作内接正四面体，里面再作内接的球，以此类推，分别作正十二面体、正二十面体，最后作正八面体。于是，这些正多面体所构成的骨架把六个球撑了起来，开普勒发现，这个模型中的球的半径与六颗行星的轨道半径正好是成比例的。

其实，早在遇到第谷之前，开普勒就已经形成了这样的想法，后来他也发现这个模型并不能准确吻合实测值。然而，即便如此，开普勒依然无法割舍这个想法，以待定的形式写在了《世界的和谐》这本书中。

在接下来的第三章中，开普勒终于开始介绍他的三定律了。其中，第一、第二定律已经在《新天文学》中发表过了，而第三定律则是在这里首次提出的。第30页中引用的那段开普勒的喜悦之词正是出自这里，第30页中引用的另一部分则出自第五章的序言。然而，发现世界的和谐，并亲眼见证造物主的伟大，开普勒的这一愿望并未能通过这一喜悦得到满足，因此他才继续写下了后面的第四章到第九章。

在这些章节中，开普勒相信行星的运行中还存在一个比第三定律更加深刻的规律，并以此为前提展开讨论。在对各种观测值和计算值之间的关系进行摸索之后，开普勒发现各个行星在远日点和近日点的角速度之比都十分接近简单的整数比，如果任选一对行星比较它们的角速度比，则依然是简单的整数比，而且，将这些比排列起来，可以发现它们涵盖了一个八度音阶中包含的所有振动频率比。这个发现让开普勒感到非常兴奋，他由此联想到古希腊毕达哥拉斯学派所发现的声音的和谐与弦长，或者说弦的振动频率之间的关系，并坚信这正是体现了造物主的伟大和神奇。在这部著作的结尾，开普勒写下了对上帝的赞美：

> 伟大的主啊。主的力量、主的智慧、主的伟大数不胜数。我要赞美主的天空，我要赞美太阳、月亮和行星……我要赞美天界的和谐，我要赞美和谐的造化万物。在我有生之年，我的灵魂也要赞美主……有些东西是我们完全未知的，有些东西是我们所已知的，但那只是未知世界的一小部分，因为前方还有更多的未知等待着我们……

我们从《世界的和谐》这本书中很难总结出开普勒所说的太阳的动力到底是什么，不过在完成这本书一年之后，开普勒又写了一本面向大众的科普书《哥白尼天文学概要》。这本书采用了一问一答的形式，因此像我这种**外行人**也能看得懂。下面我从中选取了几个问题，并进行了简化。

Q1：您认为太阳是行星运动的起因和源泉，请问您的依据是什么？

A1：首先，距离太阳越远的行星，其运行速度越慢（第三定律）；其次，即使是同一行星，在接近太阳时运行速度快，远离太阳时运行速度慢（第二定律）。这些事实表明，太阳才是行星运动的起因。而且，通过望远镜观察可以发现，太阳本身是在自转的，而且其自转方向与所有行星的公转方向一致，其中距离太阳最近的行星——水星，其公转周期要大于太阳的自转周期。由此我们可以自然地推论出，是太阳的自转引发了行星的公转。

Q2： 那么，太阳不停自转的动力源是什么？

A2： 自转是由造物主全能的伟大力量所启动的，其动力通过"运动灵"进行补充，因此可以永远持续下去。

Q3： 那么除了自转之外，还有什么其他现象表明这个"灵"的存在？

A3： 太阳的耀眼光辉就是灵存在的一个有力证明，它正是通过灵注入的力量所发出的；换句话说，灵通过其强大的力量让太阳持续地燃烧。太阳在世界中的功能让我们得出如下结论——太阳要照亮万物，因此它具有光；太阳要温暖世间万物，因此它具有热；太阳要养活世间万物，因此它具有生命；太阳要推动世间万物，因此它自身即是运动的本源。由此可见，太阳在其内部具有灵。

Q4： 如果说是太阳的自转引发了行星运动，那么它是怎样推动远处的物体的呢？太阳又没有手。

A4： 太阳没有手，但它具有一种神奇的力量，这种力量由太阳沿直线放射到世界的各个角落，这些放射线就像旋涡一样，随着太阳自身一起旋转。

Q5： 有什么其他类似的例子吗？

A5： 有，比如说磁铁。如果让磁铁旋转，其周围的磁针也会随之旋转，但磁铁并没有触碰到磁针。

Q6：既然如此，那么行星应该同步地按照和太阳自转相同的周期围绕太阳旋转才对啊？

A6：如果太阳的动力是引发行星运动的唯一原因，那么的确应该是这样才对。但除了太阳的动力之外，行星自身还具有惯性，即具有停在自身所在位置的趋势，这样一来，行星并非严格按照太阳的动力运行，而是具有一定的迟滞。

在一系列问答之后，开普勒以太阳发出的光线随传播距离的增加而减弱，且照度和距离的平方成反比为例，提出太阳的动力也是随着距离的增加而减弱的。但是，和以球对称放射的光线不同，太阳动力的放射是与太阳的自转轴相关的，因此并不一定与距离的平方成反比。这些内容是开普勒对于其第二、第三定律的进一步解释。

这一系列问答实际上是开普勒在自己心里演绎的一场自问自答的记录，对于了解一位科学家的心路历程来说是很有意思的。对于这些问答，我的推理是这样的。

关于下面的推理，我首先要声明一点，那就是这些问答的编号是我按照原著的顺序加上去的，但我认为这并不是他真正的思考顺序。例如，根据我的推理，开普勒的思考应该是从 A3 的 "灵" 开始，并想象太阳对行星施加的动力就像太阳放射出的光线一样。前面从库斯勒的著作中引用的那个类似第三定律雏形的公式，虽然并不精密，但可以说是开普勒思考的起点。

接下来，开普勒遇到了第谷，以此为契机，他暂时搁置了关于 "灵" 的想法，埋头在大量的计算中，最终发现了 A1 的第二定律，并发表了《新天文学》。在《新天文学》中，开普勒也提到了太阳动力与磁力之间的类比，但并没有像 A5 那样考虑到太阳的自转。

当开普勒完成这本著作之后，他长期以来与数学的艰苦战斗也暂时告一段落，这时的他仿佛回到了遇到第谷之前的那个年轻梦想家的时代，于是又重新开始以 "灵" 为对象，徘徊在《世界的和谐》那样的神秘世界中。此时，当他意识到太阳自转的问题之后，也就自然而然地得出了 A4 和 A6 那样的答案。

然后，1618 年 3 月，年轻时发现的那个第三定律的雏形突然从开普勒的记忆中浮现出来，再一次将他从神秘世界拉回到数学世界中。最终，开普勒发现了第三定律，并在 A1 中提出来。上面的经过是我个人的推理，不知道是不是符合事实，但这样似乎可以解释第三定律姗姗来迟的原因。

好了，想象和推理的话题先告一段落，还有一点需要大家注意，那就是从开普勒身上可以看到当时自然哲学的一些共通思想。这一思想是说物体的运动需要持续补充动力，否则就会衰减，最终停下来[6]。换句话说，要想维持物体的运动，必须持续对它施加力。在此基础上，开普勒相信这一力量的主体为 "运动灵"，而他的这种神秘的想象力本身，其根源是不是也有这样一种 "灵" 在持续为他补充动力呢？开普勒还写了一本名叫《梦》的有趣的小说，小说中他到了月亮上，但并不是乘火箭和飞船去的，而是被 "灵" 带过去的。

接下来我们将告别开普勒，进入第 2 节，讲一讲伽利略的故事。

---

6. 在 A2 和 A6 中可以看出开普勒的这一思想。

2. 伽利略的实验与论证

　　伽利略与开普勒几乎处于同一个时代。和第谷、开普勒始终围绕天体进行研究不同，伽利略是从研究地表物体的运动出发的，据说他的第一个发现是摆的等周期性。伽利略生于意大利比萨，据说就在那个以比萨斜塔而闻名的大教堂里，伽利略观察天花板上垂下的吊灯随风摇摆的样子，发现了摆的等周期性，当时他还只有 19 岁。

　　伽利略的下一个发现与落体运动有关。在这一发现之前，人们都相信亚里士多德时代的经典学说，认为当两个物体从同样高度下落时，重的物体一定比轻的物体先落地。这一说法看似没有破绽，而且和日常经验也相符，但是伽利略却对它产生了怀疑。

　　伽利略之所以怀疑这一说法，据说是出于下面的原因。如果重的物体下落速度快，轻的物体下落速度慢，那么把这两个物体连起来会怎样呢？连起来的物体重量必定大于其中任何一个单独物体的重量，那么它应该比任何一个单独的物体下落速度都要快。然而，连起来的两个物体中，一个物体下落速度快，另一个物体下落速度慢，那它们连起来之后应该只能以一个中间速度下落。这里出现了矛盾，因此物体下落的速度应该和重量无关。于是，伽利略准备通过"实验"，用一种前人没尝试过的方法观察物体如何下落。

　　伽利略对落体运动的研究是在 1604 年，当时他还只有 20 多岁。我们不知道伽利略是否真的在这个时候进行了实验，不过在他后来出版的著作《关于托勒密和哥白尼两大世界体系的对话》（简称《世界对话》）以及《关于两门新科学的对话》（简称《新科学对话》）中有关于落体实验的记载，下面我们来讲讲后者。根据后者的记载，伽利略从约 100 米的高度让大小相同的铅球和橡木球同时落下，结果铅球仅仅比橡木球快了 1 米。接下来，他又让铅球和石头同时落下，结果两者落地的时间几乎没有差别。根据这一实验的结果，伽利略认为前人一直相信的学说是错误的，物体下落的时间应该与重量无关，至于铅球和橡木球之间的少许差别，是由空气阻力导致的。

伽利略还进一步研究了物体下落的速度在下落过程中的变化情况。当然，直接测量这一变化非常困难，因此伽利略先通过金属球在斜面上滚落的情况进行测量。结果，他发现球从静止状态出发，其滚动距离（位移）与时间的平方成正比，由此他得出了如下结论。

这一结论就是，球从静止状态出发，在每个任意时间段所经过的距离按照奇数比例递增。在这里，时间段的长度是任意的，我们假设为一分钟。那么，如果第一个一分钟内所经过的距离为 1，则下一个一分钟内所经过的距离为 3，再下一个一分钟内所经过的距离为 5……以此类推，每个时间段内球所经过的距离按 $1, 3, 5\cdots$ 这样的比例递增。这一结论意味着球的下落速度是不断增加的，也就是说这是一种加速运动。伽利略不仅具有加速运动的概念，而且还清晰地阐明这一运动是一种匀加速运动。

我们马上就能看出，上面对球的运动的描述，实际上和位移与时间的平方成正比是等价的，不过这样的描述是可以通过实验直接证实的。也就是说，我们可以在斜面上按照 $1, 3, 5\cdots$ 的间隔安装铃铛，当物体经过时碰到铃铛就会发出声音，这样一来，响铃的时间间隔应该是相等的。据说伽利略的实验也正是这样做的。

在伽利略之前，人们完全不知道这样的事实，而且也没有人想要去知道。伽利略发现，在斜率相同的斜面上滚动的球，除非重量特别轻，否则其运动与重量无关。而且，改变斜面的斜率会影响落体运动的速度，但 $1, 3, 5 \cdots$ 这样的比例关系却总是成立的。不过，如果斜率太大，下落速度也会变得很大而难以观察；如果斜率太小，则摩擦力的影响会过大；然而只要斜率在某个范围内，则上述结论全部成立。因此，伽利略认为即便斜面的斜率为 90 度，物体的运动规律也是相同的[7]，那么在自由落体运动中，下落距离与时间的平方成正比，$1, 3, 5 \cdots$ 的规律也是成立的，而所有这些规律中，物体的重量都是无关的。这就是伽利略所得出的结论。

除此之外，伽利略还发现了很多前人未能发觉的关于斜面运动的规律，不过我们在这里就不过多介绍了。无论如何，在伽利略之前，人们与 "以观察事实为依据探求自然规律" 这一实证精神是无缘的，这对于今天的我们来说真是难以置信。

伽利略似乎对自己的斜面实验相当满意，在我们刚才提到的著作《世界对话》中，他也对此自卖自夸了一番。这本书讲的是三个人之间的对话，他们分别是伽利略思想的代言人萨尔维阿蒂、不是专家却思维灵活的沙格列陀，以及坚定支持亚里士多德学派陈旧思想的辛普利邱。这本书的主旨是对古老学说的批判，因此介绍落体运动的新观点以及批判地心说成为了本书的两大主线。其中，关于伽利略在落体运动上的发现，萨尔维阿蒂是这样说的：

---

7. **写给物理学生的注释**：斜面实验中球是滚动的，必须考虑旋转运动的加速度，因此和落体运动并不完全一致。不过，即使斜面运动包含旋转的因素，其下落过程依然是匀加速运动。

这些都是我们的一个朋友发现并证明的。我对此感到十分喜悦和惊叹，并尝试进行了一些研究，因为在这个已经有几百本书讲过的问题[8]上，他带来了崭新的知识。这位朋友在他的著作中阐述了众多令人惊叹的结论，其中无论哪一条，在他之前都没有任何人观察并理解过。

萨尔维阿蒂所说的 "我们的一个朋友" 显然指的就是伽利略自己，因此这段话根本就是伽利略自卖自夸。此外，萨尔维阿蒂在 "在他之前都没有任何人观察并理解过" 这句话中所表达的惊叹，与我们对于古人为什么没有想出做实验这个方法的惊叹似乎不谋而合。

伽利略不仅利用斜面实验研究落体问题，还利用它来推导和我们今天所说的 "惯性定律" 差不多的规律。惯性定律的内容是，当没有力的作用时，静止的物体将保持静止状态，而运动的物体则保持其原有的运动状态。这个定律大家应该都在学校学过了，对于其中前半部分应该都没有什么疑问，但后半部分似乎不太符合我们的常识，很多人对此感到十分别扭，因为现实生活中，我们周围的所有物体，如果不受任何力的作用，最终都会停下来。其实，不光是各位会这样想，伽利略之前的所有人也都是这样想的，辛普利邱也不例外[9]。伽利略在《世界对话》中所要达成的其中一个目的，就是推翻由辛普利邱所代言的这一思想。

下面我们该看看萨尔维阿蒂和辛普利邱关于惯性的问答了，不过在这场问答中，辛普利邱一直在援引亚里士多德的观点，因此在介绍

---

8. 这里指落体运动。
9. 我们在第 36 页中介绍开普勒的一系列问答时也提到过，在开普勒的思想中也可以看到类似的想法。

这场问答之前，我们先来简单介绍一下亚里士多德学派的主要思想。

亚里士多德的运动理论认为，世界上所发生的各种事物的变化，都是这个世界不完美的表现。也就是说，造物主所制定的秩序尚未实现，因此各种事物的不断变化，就是为了达到这一秩序，而物体的运动也是为达到秩序所发生的一种变化。各种元素都被各自赋予了其固有的位置，因此由元素组合而成的物体也各自具有其固有的位置，当物体不在自己的固有位置时，它就会朝着其固有位置移动。例如，具有重量的物体，其固有位置位于世界的底端，因此这些物体就会下落[10]。而火之所以向上升，是因为火的元素的固有位置位于以太（ether）的领域，也就是天界。

那么，弓箭的运动又该如何解释呢？根据亚里士多德的理论，运动除了为达到秩序而发生的"自发运动"之外，还有由暴力强制发生的运动。既然这种运动不是自发的，那么它的发生必然有某种特定的原因，因此一旦这个原因消失了，运动也就终止了。在弓箭的运动中，箭之所以在脱离弓之后还能够继续飞行一段时间，是因为原动者的力通过媒介传导并作用在了箭上。

是不是觉得上面这些有点冗长？其实这部分和后面的内容关系密切，所以我们还得再讲一个话题。当时的人认为，位于地表附近的物体（即月亮下面的世界）的运动，与天界中物体的运动是截然不同的。他们认为，在整个世界中，天界已经达到了完美的秩序，地上的元素[11]是不断变化的，而天界的元素[12]是不生不灭不变的，天体的

---

10. 这里所说的世界的底端，可以认为是世界的中心，也就是地球的中心。
11. 地上的元素指地、水、风、火，或者是土、水、空气、火这四大元素。不过，这里所说的土、水、空气、火并非我们身边所存在的土、水、空气、火本身，而是指赋予事物相应特性的某种根源性的东西。
12. 天界的元素是一种名叫以太的灵妙的东西。

运动也是永恒不变的。因此，天体的运动是没有起点和终点的圆周运动，而且必须是均匀的旋转[13]。当时，伽利略是拒绝直线运动的，因为直线运动要么有起点和终点，要么要求长度是无限的。

惯性定律

下面我们来看看《世界对话》中关于惯性的问答吧。

首先，萨尔维阿蒂问辛普利邱："假设现在有一个镜面般光滑的面，这个面不是水平的，而是有一点倾斜的，如果在这个斜面上放一个青铜般坚硬的小球，当放开手之后，小球会如何运动？"辛普利邱答道："小球当然会沿着斜面向较低的一端开始滚动。"

接下来，萨尔维阿蒂又问道："那么小球会以怎样的速度，滚动多远的距离呢？假设没有空气阻力和其他外部阻碍的情况下。"辛普利邱答道："只要斜面无限延伸，小球就会沿着斜面向较低的一端一直加速运动下去。"他还补充了一个亚里士多德学派的理由，"因为往较低的位置移动是具有重量的物体的天性。"萨尔维阿蒂又问："那么，如果在同一个斜面上将小球向较高的一端弹出又会怎样呢？"辛普利邱回答："这样小球当然会向上滚动，但这是一种由暴力强制的运动，因此小球会越来越慢。"

然后，萨尔维阿蒂又抛出了下一个问题："那么，如果是一个上下都不倾斜的面，情况又会怎样呢？"辛普利邱答道："如果不向下倾斜，就没有产生运动的自然趋势，同时又没有向上倾斜，对运动也不会产生阻力。于是，在既没有推力也没有阻力的情况下，小球自然

---

13. 这一点也是托勒密和哥白尼思想的精髓所在。

会停在原地不动。"

这正是萨尔维阿蒂所期望的答案,他继续问道:"如果把小球直接放在上面的话的确如此,不过,如果把小球往任意方向弹出去的话又会怎样呢?" 辛普利邱答道:"那么小球就会向相应的方向运动。""那么,这是一种怎样的运动呢?是像向下滚动那样的加速运动呢?还是像向上滚动那样的减速运动呢?" 辛普利邱的回答是:"没有造成加速或者减速的原因,因为这个平面并没有向上或者向下倾斜。" 萨尔维阿蒂继续问道:"没错,而且没有减速的原因,也就意味着没有静止的原因,那么你认为这个小球能滚动多远呢?" 这个问题是为了诱导辛普利邱得到下面的答案:"只要向上向下都不倾斜,那么这个面有多长,小球就能滚动多远。"

通过上面的一系列问答,辛普利邱姑且认同了这样一个结论,即只要没有减速的原因,也没有其他外部阻碍的情况下,运动的物体将永远运动下去。不过,正如伽利略在宗教审判中坚称 "无论如何,地球都是在动的" 一样,也许辛普利邱在骨子里也依然坚信 "无论如何,物体总是会停的" 吧。

但是,这里所说的 "惯性定律" 和我们今天所说的那个 "惯性定律" 应该说还不一样。实际上,伽利略所说的 "向上向下都不倾斜的面" 并不是一个平面,而是一个与地球的地平面平行的同心球面。因此,伽利略所说的惯性运动其实还是一种圆周运动,后来经过牛顿的修正,才变成我们在学校里学过的直线运动。

其实,在《世界对话》的开篇中,伽利略就借萨尔维阿蒂之口,以 "直线运动要求长度无限" 为理由拒绝承认直线运动。这种重圆周轻直线的思想,也正是亚里士多德的遗风,因此从这一点上来说,伽利略依然没有完全挣脱旧哲学的枷锁。但从另一方面来看，伽利略能够从 "没有力的补充，物体运动就会停止" 这一陈旧思想中迈出一步，这是他的一个重要功绩。

正如其标题所暗示的，《世界对话》这本书的主旨是为了推翻地心说，因此我们还是回到这个话题吧。不过，如果全部都用对话的形式来讲述，那篇幅恐怕太长了，所以下面我们还是用普通的文体概括一下原书的中心思想吧。

首先，伽利略介绍了 "大地是静止的" 这一亚里士多德学派的观点，并给出了如下理由：众所周知，从高处扔下重物时，重物会沿着与大地表面垂直的直线落下，这毋庸置疑地证明了大地是静止不动的。假如大地是运动的，那么如果从塔顶向下扔一块石头，石头在落地的过程中随大地[14]自西向东运动，那么石头应该不会正好落在塔底，而是应该向西偏移一段距离。

然而，伽利略认为这一观点并非 "毋庸置疑"，反而是有很大讨论空间的，为此，他提出了如下实验：从船的桅杆顶端向下扔铅球。当船在水面上静止不动时，铅球应该正好落在桅杆的下方，这时，在铅球的落点处做一个**标记**。接下来，当船在水面上航行时，再做一次同样的实验。这样一来，如果亚里士多德学派的观点是正确的，那么铅球在落地的过程中由于船在向前移动，因此落点应该位于桅杆正下方的**标记**的后方。

伽利略在书里提到，只要做这样一个实验，马上就能知道亚里士

---

14. 这里所说的大地的运动可以理解为指地球的自转。当然，除了自转之外，公转也是大地运动的一部分，但在这里我们暂且忽略。

多德学派的观点是错误的。因为无论船是静止的还是在移动，从桅杆上抛下的铅球总是会落在正下方的**标记**上。伽利略说实验的结果就是这样的，那么亚里士多德学派拿 "石头总是正好落在塔底" 来证明大地静止是靠不住的。

不过，我们并不知道伽利略是否真的做过这个船的实验，大概多半是没做过吧。即便如此，他依然能够断言从桅杆上落下的铅球总是会落在桅杆的正下方，与船的运动状态无关，这应该是他从抛射体实验得出的结论。伽利略对抛射体进行了详细的实验和理论研究，并在其晚年的著作《新科学对话》中进行了详尽的阐述。

下面我们将天文学的话题暂时放一放，看看伽利略是如何阐述抛射体的。顾名思义，抛射体指的就是被抛出去或者射出去的物体。对于抛射体的运动，伽利略提出了如下假想模型。请大家看图 3，假设在高处有一个水平面，物体沿该平面上的线 ab 从 a 向 b 做匀速运动 15。不过，这个模型的尺度比地球要小很多，因此这个面可以近似

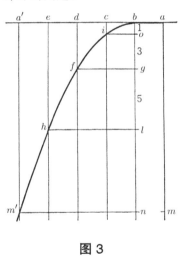

图 3

地看成是一个平面而不是球面，而线 ab 也可以近似地看成一条直线。现在，我们假设这个面在 b 点突然截断了，则物体在这一点上由于其重量产生了沿垂线 bn 向下的自发运动。在这里，如果我们将直线 ab 延长到 e，在延长线上等分出 bc, cd, de，并过点 c, d, e 作垂线 bn 的平

行线。接下来，在 bn 上按 $1, 3, 5 \cdots$ 的比例间隔确定点 $o, g, l \cdots$，并过这些点作 ae 的平行线，这些平行线与刚才所作的垂线的交点为 $i, f, h \cdots$。这样一来，我们可以根据阿波罗尼奥斯的几何学证明曲线 $bifh \cdots$ 为抛物线，而我们的物体正是沿着这条曲线运动。因为此时在水平线 ab 上运动的物体由于惯性的作用，在经过点 b 之后依然保持这一运动趋势，而与此同时，在垂直方向又遵从 $1, 3, 5 \cdots$ 的规律自由下落。

显然，推出这一结论需要一个假设的条件，即在水平面上运动的物体的惯性运动，在水平面消失后依然保持原样，且随着下落作用的开始，能够不受任何影响地与落体运动进行叠加。

这一 "模型" 针对的是沿抛物线下落的问题，但伽利略也提到，如果将落体所具有的动量反过来，则可以让物体回到原来的高度。因此他的结论是，从下往上抛出的物体，其运动轨迹也同样是抛物线。

那么水平方向的匀速运动与垂直方向的落体运动可以直接叠加的假设是否成立呢？这需要通过实验看一看实际的抛射体是否沿抛物线运动。于是，伽利略制作了一把小型的弩，用它来弹射物体进行实验，并发现物体的运动轨迹与抛物线几乎完全吻合。就这样，伽利略 "以观察事实为依据" 发现了抛射体的运动规律。

上述实验可以直接适用[16]于我们刚才提到的那个船的实验问题。也就是说，我们可以把图 3 中的垂线 am 想象成为船的桅杆，假设当桅杆的顶端移动到 b 时——或者说桅杆的底端移动到 n 时——我们切断石头与桅杆之间的连接使其下落。这样一来，当石头下落到 m'

---

16. 在《世界对话》中伽利略也是用这一逻辑来试图说服辛普利邱的。

时，桅杆的顶端也同时移动到了 a' ，底端也正好从 n 移动到了 m' ，因此石头看上去还是落在了桅杆的正下方。换句话说，在船上的人们看来，石头好像是从桅杆的顶端 a' 垂直下落到了底端 m' 。于是，从桅杆上扔下的石头总是会落在桅杆的正下方，与船是运动还是静止无关。

对于船的运动所推导出的这一结论，对于大地的运动应该也是成立的。也就是说，无论大地是运动还是静止，从塔上扔下的石头总是会落在正下方的塔底。因此，亚里士多德学派利用落体现象来否定大地的运动，这一观点是站不住脚的。那么，有没有其他的现象能够证明大地是静止还是运动的呢？

伽利略对亚里士多德学派可能会提出的一些现象进行了列举和分析，下面我们介绍其中一个比较有趣的关于火炮的例子。这个例子是说，假设大地自西向东运动，那么火炮向东和向西射击时，炮弹的射程应该会不同。此外，火炮向南和向北射击时，应该无法命中位于正南和正北的目标。对于物理学有一定研究的读者，一定会联想到对爱因斯坦的理论起到关键性作用的迈克尔逊-莫雷实验。迈克尔逊-莫雷实验试图通过发射光来检测大地相对于以太的运动，实际上和这个发射火炮的实验是差不多的。伽利略对此的分析结果和爱因斯坦的结论一样，即这些实验都无法检测出大地的运动。

那么，为什么会出现这样的结果呢？这是因为大地在运动的时候，地表上的所有物体，包括我们自己，都在惯性的作用下具有了和大地相同的运动状态，当由火炮、弩等原因产生新的运动时，新的运动对原本的惯性运动不会产生任何影响，而是直接叠加上去，于是在和大地具有相同运动状态的我们看来，就只能看到新叠加上去的那部分运动了。伽利略的原话是这样说的：

　　即使大地处于某种运动的状态，生活在大地上的我们也相应地拥有相同的运动状态，因此我们完全感觉不到大地的运动，如果只观察地表事物的话，必定认为这一运动是不存在的。

　　伽利略的这段话也被称为"伽利略相对性原理"。

　　说到这里，以前的人们相信大地静止的观点已经完全被推翻了。在本书的第 18 页我们曾经提到，和地心说相比，日心说的内容更加丰富，因此比前者更先进。不知道大家还记不记得，我在那段话后面加了一个疑问，即地球运动会不会带来什么灾难。然而，伽利略并不担心这一点，不要说什么灾难了，根本就什么事都不会发生。

　　伽利略在推出这一结论的过程中，其出发点是假设物体通过弩等获得的新的运动，与原有的惯性运动可以叠加。然后，正如我们从第 45 页开始介绍的，伽利略通过抛射体实验对这一假设的正确性进行了验证，此外，他还对发射火炮等实验进行了探讨和分析。不过，这些实验都多多少少会受到空气阻力和摩擦力的干扰，而有一项实验则可以完全排除这些干扰。

　　那么，这是一项怎样的实验呢？开普勒已经告诉我们，包括地球在内，所有的行星都在太阳的支配下遵循三定律进行运动，而且它们本身也在自转。开普勒三定律如此简洁明确，它们所体现的自然规律是毋庸置疑的。然而，即便地球确实在进行这样的运动，但在地面上却没有发生任何的灾难，因此我们可以认为，这一事实本身就是一项证明伽利略思想正确性的宇宙规模的实验，而且是在宇宙空间这一没有空气阻力和摩擦力的真空实验室中完成的一项波澜壮阔的实验。

这样，我们就把抛射体和天文学联系在了一起，这意味着任何反对日心说先进性的观点都是不成立的。于是，我在第 18 页提到的那个疑问也可以打消了，有了简洁明确的开普勒三定律，我们可以认为日心说已经没有反驳的余地。然而遗憾的是，伽利略对于开普勒的学说没有表示出任何兴趣。

这到底是因为开普勒的著作里面充斥着太多神秘晦涩的内容，导致伽利略忽略了隐藏在其中的重要结论呢？还是伽利略心中那些亚里士多德思想的残渣，也就是对圆的执着，让他无法接受开普勒的椭圆理论呢？这其中真正的原因我们已经不得而知了。但无论如何，在缺少了开普勒的情况下，尽管伽利略驳斥了反对日心说的那些观点，但依然缺乏能够积极支持日心说的证据。在这一点上，伽利略借助了海洋中潮汐的涨落来进行讨论，我们稍后会对此做一点介绍，其实，伽利略的潮汐理论完全是错误的。

自然规律与数学

关于伽利略的抛射体研究，还有一些话题想跟大家讲一讲，下面让我们重新回到这个话题吧。

之前我们曾多次提到过，抛射体理论是建立在水平匀速运动与垂直落体运动相互独立叠加这样一个基本假设——或者说是公理——的基础上的。伽利略从这条假设推导出抛射体的轨道是抛物线，并通过实验进行了验证，也就是通过实验证明了公理的正确性。然后，伽利略通过引入抛物线几何[17]定理，以及其他两三种辅助理论，推导出了

---

17. 即阿波罗尼奥斯的圆锥曲线理论，参见第 6 页的脚注。

关于抛射运动的一系列定理。伽利略在其著作《新科学对话》中对这些定理进行了详细的阐述，我们在这里也没必要——介绍，下面我们只介绍这些定理的其中一个例子，且免去其证明过程。

这个定理是：对于以相等推力发射的抛射体，当以仰角 45 度发射时其射程最远。在《新科学对话》中，当萨尔维阿蒂向沙格列陀讲述这个定理时，沙格列陀对此感到颇为欣赏，他说：

> 严谨的数学证明在这种问题上发挥了巨大的威力，我感到既惊讶又高兴。我以前也听一个炮兵朋友说起，以 45 度仰角开炮时射程是最远的，但比起单纯地反复实验，理解其中的原理要重要得多。

对此，萨尔维阿蒂答道：

> 没错，只要理解其中的原理，就可以在无需反复实验的情况下，通过一个已知的事实理解和验证其他诸多事实。这个问题恰好就是这样一种情况，作者[18]恐怕就是通过这样的方法，证明了从未在经验上被观察过的事实。

这段话的开头总结了物理学这个游戏的规则和势力范围，大家可以回想一下本书开头所提到的这句话："以观察事实为依据，探求我们身处的自然界中所发生的各种现象——但主要限于非生物的现象——背后的规律。"从这个角度来看，伽利略与前人不同，他采用实验的方法不断对自己的理论进行验证，因此我们可以说，他的理论是以观察为依据的。然而，伽利略所做的工作其实还要更进一步。

为什么这么说呢？因为伽利略将自然规律中最基本的东西用数学

---

18. 指伽利略。

的形式表达出来，作为公理或者原理，并由此推导出各种定理。正是因为采用了这样的方法，才能够像刚才萨尔维阿蒂所说的那样，不需要逐一进行实验，就能够通过基本规律推导出其他诸多事实，并且能够预测出之前从未被观察过的事实。这种论证性被伽利略认为是物理学的一个重要特征，对此，他是这样说的：

……在人们所公认的原理（公理）的基础之上进行展开，是论证科学最值得欣赏和称赞的一大特征。

对于公理的正确性，最好的方法就是直接通过实验来进行验证，但有时直接实验是不可行的。在这种情况下，只能选择由公理推导出来的一些事实，并通过实验对这些事实进行验证，来间接地证明公理的正确性。无论如何，我们要做的并不是针对每个孤立的现象逐一去寻找背后的规律，而是需要从中找出某些规律作为公理，并建立一个体系，使得我们能够从这些公理推导出其他所有的规律。要想实现这一点，就必须将自然规律用数学的形式表达出来。

虽说如此，但如果自然本身就不具有数学性，那么无论人类如何探索也不可能实现这一目标。不过幸运的是，开普勒和伽利略都发现了自然具有数学性的具体例子。例如，开普勒发现行星的轨道是阿波罗尼奥斯几何学中的椭圆，而且他的面积速度守恒定律以及第三定律，也都是具有数学性的。至于伽利略，我们刚才介绍的抛射体运动定律就是一个最好的例子。在此基础上，通过运用开普勒三定律，我们可以在无需进行观测的情况下，准确地计算和预测出行星的位置以及其食、合、冲[19]等天文现象的发生时间。而通过运用伽利略的抛射

19. 行星与太阳的黄经相同时称为"合"，行星与太阳的黄经相差 180 度时称为

体理论，在可忽略空气阻力的条件下，我们可以准确地计算和预测出火炮的弹道及其射程距离。

伽利略有一句经常被引用的名言，说的正是上面这件事。这句名言是这样说的："自然之书是用数学语言写成的。"这句话的意思是说，正如人类的法律是用和日常用语不太一样的法律语言写成的一样，"自然"的法律是用数学这一特殊的语言写成的。因此，正如考古学家通过解读埃及象形文字来破解埃及历史的秘密一样，物理学家则应该通过解读自然所使用的数学语言来破解自然深处的秘密。

> 伽利略的原话是这样说的：
>
> 哲学是在我们面前展开的一本最大的书，这本书写在整个宇宙之中……这本书用数学语言写成，里面的文字是三角形、圆形以及其他各种几何图形，如果没有相应的手段，人类便无法理解这些语言。
>
> 这里之所以说的是"几何图形"，是因为当时解析几何还不发达，人们也没有将自然规律写成公式的习惯，这一现象在牛顿的时代依然有所残留。此外，伽利略的这段话与我们在第23~25页所介绍的开普勒的工作十分吻合，不过，没有证据表明伽利略曾经读过开普勒的《新天文学》。

将自然规律用数学来表达，这样的想法本身在开普勒和伽利略之前就已经存在了。我们之前提到的托勒密和哥白尼的思想中所包含的"圆"和"均匀旋转"，就是用几何学和运动学的语言来描述天体运行的规律，只不过他们并没有以准确的实际观测作为依据，因此尽管

"冲"。第23页中我们介绍了开普勒如何巧妙利用了火星的"冲"。

他们使用的也是数学的语言，但却是与自然不同的人造语言。而且，在每次理论和实测产生差异时，他们并没有去探求自然原本的语言，而是在圆上增加新的圆，在复杂上增加新的复杂，让理论变得越来越脱离自然。从这个意义上说，关于开普勒以前的天文学，我们在第 10 页中介绍的奥西安德尔的解释也绝不能说是不恰当的。

　　下面让我们换个话题，说起伽利略，我们不能不提到他用望远镜所进行的一些重要的观测和发现。伽利略用望远镜发现了太阳黑子、月面的凹凸，以及木星的卫星和土星的光环等。他还发现太阳表面的黑子不断出现和消失，还在不断移动。从黑子的移动可以得出太阳自转的结论，这一事实为我们前面介绍过的开普勒的 "太阳是行星运动的动力源泉" 理论提供了佐证。此外，伽利略之所以与教廷不和，除了日心说的原因之外，也是因为他通过望远镜发现的这些事实对旧学派的学者和教廷产生了巨大的冲击。不过，这个话题我们暂且放一放，留到本章最后一节再讲，最后我们再简单了解一下伽利略的潮汐理论。伽利略对于潮汐是这样解释的：地球在自转的同时还在公转，因此每隔 12 小时，地面上的一点因自转带来的运动与因公转带来的运动的方向应正好一致或者相反。于是，该点上大地的运动速度在方向一致时达到最大，在方向相反时达到最小，大地的运动就产生了**波动**，所造成的结果就是因惯性试图保持均匀旋转趋势的海水无法完全追随这一**波动**，于是就在局部发生了水位的涨落。因此，伽利略对潮汐与月球有关的说法是持反对态度的[20]。

　　然而，由于对圆周运动的执着，伽利略的惯性定律本来就是不准

---

20. 相对地，开普勒则认为潮汐的形成来自月球的引力。

确的，而且他也没有将相对性原理正确地应用于潮汐现象，因此最终没能得出正确的理论。而且，尽管伽利略如此钟爱"数学"证明，但他在潮汐理论上居然完全没有发挥数学的作用。伽利略所犯下的这个错误，充分说明了不使用数学手段进行推理是多么不可靠，他自己成了最好的"反面教材"，告诉后来人数学有多么重要，不知道我这样说是否有点过于**牵强**。

关于伽利略，我们还有一些东西要讲，不过下面我们先把目光转向牛顿，在介绍牛顿的时候顺便将伽利略的一些话题补充完整。在这里，为了强调伽利略所主张和实施的"实验"这一行为的作用，让我们对第 4 页中介绍的物理学这一游戏的特点，即"以观察事实为依据，探求我们身处的自然界中所发生的各种现象背后的规律"这句话中的"观察事实"作一点补充，即：

"观察事实"也包括人类主动作用于自然而引发的"实验事实"。

此外，作为对第 51 页内容的总结，让我们把下面这段话也补充到物理学这一游戏的特点中：

用数学来表达自然规律，且不仅孤立地发现各个规律，还要从中筛选出最基本的几个，并建立能够从这些基本规律推导出其他规律的体系。

一言以蔽之，物理学是一门实证科学，同时也是一门论证科学。

3. 牛顿树立的丰碑

在第 3 节，让我们来讲讲牛顿。

牛顿生于 17 世纪中叶，在他出生那年，伽利略刚好去世，距离开普勒去世则过了 12 年，仿佛牛顿的出生就是为了代替他们的位置。

牛顿所树立的最高的丰碑莫过于牛顿力学。他在 45 岁时出版了《自然哲学之数学原理》（简称《原理》），并在这部著作中阐述和归纳了他的力学理论，这一年距离开普勒的《新天文学》已经过了将近 80 年，距离伽利略的《世界对话》也过了将近 50 年。从《原理》中我们可以看出，无论是开普勒身上的神秘性，还是伽利略身上的自然哲学残渣，经过这几十年的岁月，几乎已经被完全洗刷了。

例如，尽管伽利略颠覆了很多旧学说，但他在明知物体下落是一种加速运动的前提下，依然坚持"自发运动"的立场，而不承认落体的加速度与重力有关。此外，即便是他提出的惯性运动，也因为他对圆周运动的莫名其妙的拘泥，而不被认为是一种直线运动。开普勒尽管将行星运动的源泉归因于太阳的动力，但对于这一动力的本质却只给出了诸如太阳自转、磁铁，甚至是灵力的解释。牛顿则对于上述所有这些问题都给出了明确的答案。

对于沙格列陀的观点，萨尔维阿蒂做出了这样的回答：

我认为在这里研究自发运动的加速度的原因是不合适的。对于这个问题，很多学者提出过不同的观点，有人说是朝向中心的引力，有人说是物体中微小的部分相互之间的斥力，还有人说是落体背后所积累的，从一个位置移动到另一个位置时周围的介质所产生的力。我们需要对上述这些观点以及其他所有观点进行探讨，但这样做并没有太多的收获。

伽利略在阐述抛射体运动时，是在将与水平面平行的惯性运动看作直线运动的前提下，证明抛射体的运动轨迹为抛物线的（参见第45～46页）。但当时他明确地做了一个假设，即问题中的尺度远远小于地球的大小。伽利略的观点是，由于实际的水平运动并不是假设中那样的直线运动，因此实际的抛射体运动轨迹也并不是抛物线，但即便是火炮的射程也远远小于地球的大小，因此将水平运动看作直线运动也没有问题。总之，伽利略想要强调的是这样一个关系，即惯性运动等于水平运动等于实际上的圆周运动。

不过，让开普勒和伽利略来完成牛顿的工作毕竟是不现实的。首先，他们年事已高，无法完成这样的工作。其次，在他们所处的时代中，完成这一工作的时机尚未成熟。在那个时代，不仅日心说被视为异端，而且还有一位有名的神父公然宣称哥白尼体系是有害的，甚至数学以及所有的数学家都是有害的，并点名对伽利略进行批判。开普勒也遭受了不少的磨难，他的学说无人认同，连他所尊敬的前辈伽利略也完全忽略他的著作，在鲁道夫皇帝驾崩之后，他失去了皇家的庇护，他的老母亲也因被怀疑是魔女而被告发。在三十年战争[21]期间，开普勒在战火笼罩下的城市之间辗转流浪勉强维持着生计，最终患病去世。

---

21. 指 1618—1648 年间波及整个欧洲的一场大规模战争。——译者注

之所以说时机尚未成熟，还有另外一个原因，那就是在开普勒、伽利略的时代，数学的发展还不充分。当时，以圆和直线为代表的欧几里得几何学已经十分完善，在代数方面，当时也已经有了三次方程的解法。此外，对于椭圆和抛物线，在与欧几里得的《几何原本》并驾齐驱的阿波罗尼奥斯的《圆锥曲线论》中也得到了充分的阐述。然而，正如开普勒所感叹的，当时到底有几个数学家真的通读过阿波罗尼奥斯的著作呢？

以变化的相研究运动

总之，当时的数学所欠缺的最重要的一点在于，无论是几何还是代数，都无法研究 "运动" 的动态过程。当时的数学足以描述静态的图形和没有变化的量，但对于连续变化的图形和量，则不足以描述其变化的状态。因此，对于以 "阿基里斯追不上乌龟" 和 "飞矢不动" 为代表的 "芝诺悖论" [22] 等问题，即便一看就十分荒唐，但以当时的数学水平，却无法从数学上进行反驳。

那么到底什么是以变化的相研究量呢？我们以伽利略的斜面运动为例来分析一下。伽利略发现，沿斜面滚动的小球，每隔一定的时间，其位移以 $1, 3, 5\cdots$ 的比例递增，这意味着小球的速度是随时间递增的。然而，要想完全理解这一递增的过程并不容易。正如 $1, 3, 5\cdots$ 这一规律的发现者伽利略自己在《世界对话》中所说的：

---

22. 这是芝诺悖论中最著名的两个问题。前者是说速度快的阿基里斯永远追不上速度慢的乌龟，因为当阿基里斯到达乌龟的起点时，乌龟也已经往前又移动一段距离了；后者是说飞矢在每个任意瞬间的位置都是不动的，因此飞矢是不动的。——译者注

　　在加速运动中，速度的增加是连续的，因此对于不断增加的速度，我们无法用一定的数值来进行分割，因为速度在每一个瞬间都在发生变化，这种变化是无限的……

　　也就是说，当物体从静止开始运动之后，对于**任意**时间点，其速度是多少，位移是多少，这些量该如何计算出来，要回答这些问题并不容易。

　　请大家回忆一下我们之前对伽利略的介绍。伽利略认为，仅发现一些孤立的规律并不能算是论证科学，而是需要建立一个数学体系，通过确立少量的基本原理，再通过证明推导出更多的结论，这才是论证科学的特征。因此，无论是位移与时间的平方成正比，还是以 $1, 3, 5\cdots$ 的比例递增，这些事实都是伽利略通过实验进行验证的，但他认为这样还不够，必须进一步探索这些事实之间的数学联系，找到最基本的规律，再由此推导出各种关系。

　　在这里，伽利略将落体运动的最基本规律称为"匀加速定律"，也就是说，相等的时间内，物体下落速度的增加是相等的。然而，对于如何通过数学方法由这一基本规律推导出位移与时间的关系，以及 $1, 3, 5\cdots$ 的递增规律等其他各种关系，伽利略感到十分困扰。用现在的数学知识来说，如果物体的加速度是一定的，则通过积分可以立刻推导出速度和时间的比例关系，如果对速度进行积分，则可得到位移与时间的平方成正比的关系，并由此推导出 $1, 3, 5\cdots$ 的递增规律。然而当时还没有积分，要发现这一证明方法是十分困难的。

　　于是，伽利略说出了上一页中我们提到的那段话，但他并没有放弃，在苦苦追寻之后，他想到利用图像来研究连续变化。这一方法出现在《世界对话》中刚刚我们提到的那个地方，同时也是《新科学对话》的核心内容之一，下面我们加入一些现代的概念，介绍一下伽利略这一方法的要点。

伽利略的方法是这样的。请大家参见图 4，首先画一个坐标系，横轴为时间 t，纵轴为速度 v。于是，速度在每个瞬间以一定的无穷小值[23]递增，这一点可以用坐标平面上的一条斜线来表示。根据这个图像，对于时间轴上表示任意瞬间

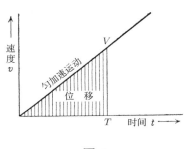

图 4

的点 T，过该点作时间轴的垂线并与斜线相交于点 V，则垂线 $\overline{TV}$ 的长度就是该瞬间的速度，我们就可以求得任意时间点上的速度。这样，我们就通过几何方法证明了在相等时间内速度的增加量是相等的，因此这个图像所表示的就是匀加速运动。此外，伽利略提出，任意时间点上的位移，等于斜线与时间轴之间形成的三角形的面积。因为物体的位移，可以看作是移动中所经过的无限个瞬间中所有瞬间的速度的总合，也就是过横轴上所有点所作的垂线合起来构成的三角形。此时，我们可以明确地得出，这一面积与时间的平方成正比[24]。此外，1,3,5… 的规律也可以通过计算面积推导出来。

在这里，无论是"所有速度的总合"，还是"所有垂线合起来构成的三角形"，这些说法对于现代人来说听起来都比较别扭，不过在当时还是被广泛接受的。如果用现在的话来说，应该是每个瞬间该物体以其瞬时速度所产生的无穷小位移的总和。然而，对于这种说法，

---

23. 实际上，对于无穷小的值是否是一定的，我们不知道那意味着什么。关于这一点，我们将在介绍牛顿时进行解释。
24. 伽利略的原话是说与最终速度和时间之积的一半成正比。

如果理解不好的话，很容易认为无穷小的位移就是 0，那么 0 无论如何累加最终还是 0，于是这个总和就是 0——这不就是芝诺悖论吗？

为了解决这个难题，牛顿提出了一种新的数学方法，这种方法现在被称为微积分，这是第一种能够明确研究运动以及一般意义上各种变化的量的数学工具。回过头来看，其实伽利略所使用的图像法也可以算是在匀加速运动这一特殊情况下对微积分的应用。

在介绍这一数学方法之前，我们再来看一个与后面的内容相关的，以变化的相研究事物的例子，这个例子就是曲线。直线的方向是一定的，而曲线和直线不同，在曲线上的每个位置，其方向都是变化的。因此，通过定义每个位置上的方向如何变化，就能够定义一条曲线，换句话说，这就是以变化的相来研究曲线。

让我们看一个具体的例子，比如说圆。大家都知道，圆是这样定义的："圆是一种其上所有的点到圆心距离都相等的曲线。" 这是一般的定义，除此之外还有另外一种定义："圆是一种在其上所有位置，其方向都以一定的弯曲朝同一方向变化的曲线。" 后面一种定义正是以方向变化这一变化的相来研究圆的方法。不过，如果你问什么叫 "一定的弯曲"，我只能给出一个近似于直觉的答案：一定的弯曲就是弯曲的程度在每个位置都一样，不会变大或变小。如果你继续问什么叫大的弯曲，什么又叫小的弯曲，那我就更难回答了。然而，对于这些问题，微积分就能给出明确的答案。

各位读者之中可能有很多人对数学比较头疼，所以我在这里不打算上微积分的课，不过至少还是要讲一讲它大概是怎么一回事。简单来说，如果对无穷小的值处理不当就会产生奇怪的结果，但对于无穷小值之间的比，以及无穷多的无穷小值之和等问题，只要运用牛顿提出的方法，就可以进行明确的定义，从而能够对过去无法处理的对象进行明确的讨论。那么，在讨论物体运动时，又是如何运用这一方法的呢？

现在我们来假想一个随时间变化的量，例如加速运动中的速度。在一个瞬间，也就是无穷小的时间里，这个量所产生的变化量（也是无穷小的）除以这个时间的比是多少呢？大家稍微一想就知道，是 $\frac{0}{0}$，是没有意义的。

然而，运用牛顿的方法就可以求出这个比，并得到一个确定的值。之前在谈到伽利略对匀加速运动的理解时我们曾经提到过"速度在每个瞬间以一定的无穷小值递增"，但如果我们认为无穷小就是0，那么这个值是否是一定的就没有意义了。如果要让这句话有意义，那么无穷小的增加量与无穷小的时间的比就不能是 $\frac{0}{0}$，而是通过求导得到的一个确定的值，这样我们才能够讨论它是否是一定的。这个值代表速度增加的大小，也叫"加速度"。于是，用无穷小的时间里产生的无穷小的速度增加量，除以这个无穷小的时间，得到一个确定的加速度，我们称为"加速度是速度关于时间的导数"。

之前在第 59 页中我们还提到了伽利略的另一个观点，即"位移是物体在每个瞬间以无穷小的速度所经过的无穷小的位移的总和"。同样，如果我们认为无穷小就是0，那么这个总和也就是0，是完全没有意义的。但在这个例子中，如果用速度乘以无穷小的时间，就可以得到该时间内物体所经过的无穷小的位移，运用牛顿的方法将这些无穷小的位移加起来，其总和就是代表物体在有限时间内的位移的一个确定的值。于是，由每个瞬间的速度求出总位移，我们称为"位移是速度关于时间的积分"。

以此类推，"速度是位移关于时间的导数""速度是加速度关于时间的积分"也同样成立。

牛顿力学的特质

关于微积分的话题暂且告一段落，下面我们回到正题——牛顿力学。当然，我不想在这里上力学课，因此细枝末节的东西就全部略过了，我要说的重点是，天文学以及力学经过第谷、开普勒、伽利略的努力朝着近代化的方向不断发展，到了牛顿这里，终于完全实现了近代化。

正如我们之前所介绍的，在三位天才的努力下，天文学和力学已经摆脱了古老的思辨、神秘和巫术，逐步转向精密的观察和实验，以及以数学论证为基础的体系。此外，之前我们也提到过，在精密的观察和实验这一点上，牛顿之前的三位先驱已经打下了坚实的基础，然而在最后一点，即数学论证体系上，由于需要相应的数学工具，因此这一重任才落在了牛顿身上。当然，伽利略已然深知数学论证的重要意义，我们在第 51 页中所引用的伽利略的那句话——"在人们所公认的原理的基础之上进行展开，是论证科学最值得欣赏和称赞的一大特征"——就是最好的体现。

在这个意义上，应该说牛顿在编写《原理》一书时，效仿了论证科学的一个典型样板——欧几里得的《几何原本》，即从若干个定义出发，然后阐述基本定律，也就是说"运动三定律"，并以此作为公理推导出各种定理。当然，在这里牛顿使用了新的数学工具，因此他在正篇之前特地花了一章的篇幅对此进行介绍。

《原理》共分三部，第一部、第二部的主题为"物体的运动"。其中第一部的主题为向心力——将物体拉向一个中心的力——相关的运动，牛顿在这里给出了开普勒面积速度定律的证明。接下来，牛顿提出了向心力与距离的平方成反比的命题，证明了此时物体的运动轨迹为圆锥曲线，并证明了开普勒第三定律是运动轨迹为椭圆时的情况。第一部的核心内容是对开普勒三定律的推导，但作为向心力问题的一部分，也对落体运动、抛射体运动、摆的运动等问题进行了探讨。

第二部的标题和第一部相同，但牛顿加上了一个副标题："在有阻力的介质中"，其中探讨了伽利略所遗留的关于摩擦和阻力的问题，同时还初步探讨了关于弹性力学和流体力学的问题。由此可见，牛顿通过其三定律论证了何等多的内容，这在当时的人们看来一定是十分震惊的。

然而，整部著作的最高潮莫过于万有引力的提出。牛顿三定律再加上万有引力定律，就能够完美推导出开普勒关于行星运动的三定律。而且，彗星、围绕地球旋转的月球，以及木星的四颗卫星的运动，都是由这一引力所支配的。不仅如此，地面上的物体所具有的重力，也是万有引力的一种表现形式。对于上述这些内容，牛顿在其著作的第三部"世界体系"中进行了详尽的阐述。

那么，牛顿用作基本定律的"运动三定律"到底是什么内容呢？它们又和前人的观点有什么不同呢？下面我们就来简单介绍一下。牛顿三定律的内容如下[25]：

---

25. 摘自《自然哲学之数学原理》中译本，王克迪译，陕西人民出版社，武汉出版社，2001年。——译者注

第一定律　每个物体都保持其静止、或匀速直线运动的状态，除
　　　　　非有外力作用于它迫使它改变那个状态。

第二定律　运动的变化[26]正比于外力[27]，变化的方向沿外力作用
　　　　　的直线方向。

第三定律　每一种作用[28]都有一个相等的反作用；或者，两个物
　　　　　体间的相互作用总是相等的，而且指向相反。

这里的第一定律就是我们俗称的惯性定律，大家可以看出，牛顿
并不像伽利略一样拘泥于圆，而是明确表示惯性运动是匀速直线运动
（或静止）。牛顿第一定律不但全面否定了"没有力的补充运动就会
衰减"这一陈旧的思想，同时还提出除匀速运动之外的其他任何运动
都是在外力的参与下发生的。牛顿这一崭新的观点认为，包括伽利略
在内的前人所认为的自发运动（天体的圆周运动、朝向固有位置的落
体运动等），其实都应该被视作有外力参与的运动。

这里我需要补充一点，既然牛顿对伽利略关于惯性运动的观点进
行了修正，那么我们之前在第47页中介绍的伽利略相对性原理的内容
也同样需要修正。因为只有在大地做匀速直线运动的情况下，生活在
大地上的人们才无法感觉到大地的运动，但实际上地球所做的是旋转
运动，因此人们可以通过某些现象感知到这一运动的存在。上野国立
科学博物馆的楼梯井悬挂着一个巨大的傅科摆，其摆动平面的旋转正

---

26. 这里"运动的变化"指的是动量的变化，准确地说应该是动量关于时间的导数。动
　　量就是速度×质量。
27. 牛顿将力分为"运动力""加速力"和"绝对力"三种（在第二定律的原文中，
　　"外力"指的是"运动力"——译者注），其中运动力是与物体相关的量，加速力
　　是与物体的处所相关的量，绝对力是与力的原因相关的量。现代力学中已经没有这
　　样的区别，仅将牛顿的运动力称为力，并适用于所有的对象。不过为了避免误解，
　　大家需要注意的是，牛顿在说万有引力和重力的时候，他的意思指的是加速力。
28. 这里所说的"作用相等指向相反"中的"作用"指的是"运动力"。

是地球自转的表现。还有一些规模更大的现象，例如自西向东流动的黑潮[29]以及台风的螺旋运动。

下面我们来看第二定律。第二定律紧接第一定律的内容，描述了运动的变化与力之间的定量关系，这是将牛顿力学与数学相关联的一个**关键点**。这里所说的"运动的变化"，大体上可以理解为加速度[30]，也就是速度关于时间的导数。因此，这一定律可以直接用微分方程来表示。

在这里我想强调第二定律具有的一个特质，即大自然通过这一定律支配的是运动形态的**变化**，而不是运动形态**本身**。正是因为这一定律规定了运动的变化，因此才需要以变化的相来研究事物的数学工具。另一方面，这意味着即便作用于物体的是同一种力，也能够产生各种不同形态的运动。在牛顿之前的思想中，运动形态的多样性是来自于"力"的多样性，这是一种先入为主的思想。而牛顿认为，同样的"力"可以产生看上去完全不同的各种形态的运动。例如，行星和彗星的运动轨道看起来十分迥异，但它们的轨道都是在同一种力——万有引力——的作用下形成的。无论是围绕地球旋转而永远不会掉下来的月球，还是从树上掉下来的苹果，抑或是投出去的石块，这些运动都和行星、彗星的运动一样，源自同一种万有引力的作用。开普勒和伽利略并不知道这一事实，因为他们认为不同的运动形态完全来自于不同的力的作用。

那么，这又是为什么呢？

要回答为什么同一种力能够产生不同形态的运动，我们先来讲一

---

29. 中文一般称为"日本暖流"。——译者注
30. 我们在第 64 页的注释中提到过，运动的变化指的是动量的变化，在质量不变的情况下，可以将其看作加速度×质量。

讲向心力的一般情况。前面我们讲过，向心力是将物体拉向中心的力，因此按照牛顿之前的人的观点，这样的力作用在物体上只能把物体直接拉到中心，但根据牛顿的观点，这样的力也可以让物体围绕中心旋转。关于其原因，即便不懂微积分，通过下面的讲解应该也可以大致理解。

根据牛顿第一定律，如果没有外力的作用，则物体将保持直线运动。此时，如果向心力的中心位于直线的侧面，则物体会受到向心力的吸引，根据第二定律，获得一个指向中心的横向的加速度。于是，直线方向的速度与横向的加速度叠加起来，从而让物体的运动方向发生或大或小的偏转，而根据这个偏转的大小，物体的确有可能被一下子拉到中心，但也有其他的可能性。

在极端的情况下，物体被一下子拉向中心，就会和原本位于中心的物体相撞，这相当于一个飞行中的物体掉落下来。实际上，如果物体原本就是朝中心方向（或相反方向）运动的，那么它的确会朝中心方向落下。相对地，如果物体原本并不是朝中心方向运动的，此时尽管其运动方向会向中心发生偏转，但依然会从中心物体的旁边掠过而不会相撞。

这又是为什么呢？运用牛顿提出的新数学工具，可以证明开普勒时代所提出的面积速度守恒定律。如果我们用面积速度这个词来说的话，当物体朝中心方向（或相反方向）运动时，该物体的面积速度为0，在其他情况下则不为0，这个命题的逆命题同样成立。因此，如果物体的面积速度一开始就为0，那么它将永远为0，也就是会朝着中心直线撞上去；相对地，如果物体的面积速度一开始就不为0，那么它将永远不为0，于是这个物体也就永远不会撞上中心，而是会一直围绕中心旋转。

参见第 26 页的注释，在该注释的情况中，当轨道 $\overrightarrow{AB}$ 如图 5 的 (1) 时，物体的面积速度为 0，此时物体会朝中心 O 做直线运动。相对地，当轨道 $\overrightarrow{AB}$ 如图 5 的 (2) 时，物体的面积速度不为 0，此时物体不会朝中心 O 做直线运动。

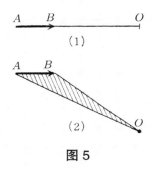

图 5

在后一种情况中，物体围绕中心不断旋转是惯性运动的残留，而向心力的作用是让物体的运动方向朝中心偏转，防止其离开中心沿直线飞走。结果，物体的运动轨迹变成了一条朝中心偏转的曲线[31]。开普勒在第 35 页中的第 6 个问答中提到："趋于停在自身所在位置的惯性与太阳的动力之间产生较量"，而根据牛顿的理论，"太阳的动力" 所要克服的并不是 "趋于停止的惯性"，而是 "趋于直线运动的惯性"。这一点体现出了牛顿与前人思想的一个明显的区别。

下面我们来总结一下由这个例子所得到的结论。即使在同一个向心力的作用下，根据物体最初与力的中心之间的距离、运动速度和方向，可能会产生朝中心下落的运动，也可能会产生其他形态的运动，各种形态的运动都是有可能的。根据牛顿定律，这一结论不仅适用于向心力，对于任何性质的力都是成立的。也就是说，无论力的性质如何，根据物体最初的位置和运动速度，同一个力也可能产生各种不同

---

31. 请大家回忆一下第 60 页中关于以变化的相来理解曲线的内容。

形态的运动。

当然，牛顿定律不仅提出了运动的多样性，而且还意味着在已知力的性质的情况下，只要确定了某个时间点上物体的位置和速度，就可以唯一地确定该物体随后的[32]运动状态。反过来说，要想确定物体的运动状态，则必须确定某个时间点上物体的位置和速度。用物理学家的话来说，为了确定物体的运动状态，确定某个时间点（可由物理学家任意选择）上物体的位置和速度，称为"给定初始状态"。套用这个术语，我们可以这样说："在已知性质的力的作用下，物体的运动可通过给定初始状态唯一地确定；相反，要确定运动则必须给定初始状态。"这就是牛顿力学的特质。在这里，初始时间点之后的运动状态的变化，都可以通过解代表牛顿定律的微分方程[33]（即进行积分）来求得。

这里需要指出的是，尽管通过给定初始状态就可以确定物体的运动，但牛顿力学定律中却没有告诉我们要如何给定这个初始状态。因此，以前人们一直相信一个物体从高处放手之后必然会落到地面，但如果造一个巨大的火箭把这个物体高速水平发射出去的话，它是可以像月球一样围绕地球旋转而不落地的。以前的人们无法做到这一点，并不能怪牛顿力学不对，而是当时的火箭技术还不够发达。

除《原理》之外，牛顿还写过一本题为《世界体系》的小册子，其中用图 6 这样的形式对万有引力的作用进行了简单易懂的解释。

---

32. 在这里，"随后的"中的"后"也可以反过来理解，也就是说对于在该时间点达到确定的位置和速度的运动，也可以唯一确定地向前追溯其运动状态。
33. 参见第 65 页。

设 AFB 为地球表面，地球
的中心为 C，现在假设将一个物
体从很高的山顶 V 水平投出，则
曲线 VD, VE, VF 代表以越来越
快的速度投出时该物体的运动轨
迹。由图 6 可见，随着投出速度
的增加，其运动轨迹的弧长也会
增加，落点 D, E, F 越来越远。
当落点到达 G 后，如果投出速度
继续增加，则物体的运动轨迹会

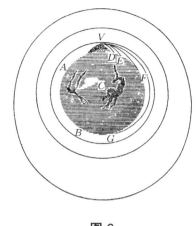

图 6

超出地球的圆，这时物体将不会落到地面上，而是会重新回到山顶 V
的位置。

牛顿还描绘了在比山还高的位置投出的物体的运动轨迹，并提出
这样的物体的运动状态就与行星（卫星）相同了。这样大家就能看出
来了吧，当时发射不了人造卫星，可绝对不能怪到牛顿身上。

万有引力

刚才我们从广义的角度介绍了牛顿力学的特质，然而说到牛顿力
学，不能不讲万有引力。下面我们就来说说这个话题。

之前我们讲过，在向心力的作用下，面积速度守恒定律已经得到
了广义的证明。此外，牛顿还证明，当向心力的大小与到中心的距离
的平方成反比时，物体的运动轨迹为圆锥曲线。根据给定的初始状态
不同，这个曲线可能为圆（除火星外的行星以及卫星等近似于这一情

形），也可能为椭圆（例如火星和彗星），也可能直接朝中心物体下落（例如从树上落下的苹果、流星，或者发射失败的人造卫星等）。

其中，彗星的运动在牛顿之前一直是一个未解之谜，而牛顿提出彗星是一种轨道为非常扁的椭圆的天体。也就是说，彗星是从非常遥远的地方几乎径直地朝太阳冲过来，到了马上就要撞上太阳的时候，又以非常近的距离与太阳擦身而过，绕太阳转半圈之后又重新飞向远方，几百年之后才再次朝太阳飞回来。

我们不知道太阳系是怎样形成的，但每个行星的轨道都是不同形状的圆锥曲线，这取决于太阳系形成之初所给定的初始状态。至于这些初始状态到底是怎么来的，这就不是牛顿力学研究的范畴了。

牛顿三定律中，我们还剩下第三定律没有讲。这一定律在多个物体相互施加力的作用而进行运动时发挥着重要的作用。根据第三定律可以推导出，在由几个物体组成的系统中，如果系统内的物体只在相互的作用力下进行运动，而没有力从外部作用于这个系统，则这个系统的"重心"要么是静止的，要么是保持匀速直线运动的。而且，系统内物体之间的相对运动，与重心是否处于运动状态无关，这是由第三定律推导出的一个重要结论。这一结论不是别的，正是经过修正的伽利略相对性原理。

如果除了系统内物体之间的相互作用力之外，还有外力作用于这些物体上，则系统重心的运动方式取决于所有物体所受外力的合力。因此，对于一个由很多物体组成的系统，当我们研究系统整体的运动时，可以将其看作一个点。有了第三定律，在研究天体运动时，我们也可以将其看作一个具有质量的点，而不必关心其形状和大小，以及到底是由什么物质组成的。

牛顿在《原理》的第一部中由运动三定律和万有引力理论推导出了上述结论，并在第三部 "世界体系" 中将其与天文学家的观测结果进行了对比，从而验证了行星运动是由太阳的万有引力所支配的开普勒运动。他还用自制的望远镜观测了彗星，并验证了彗星同样遵守开普勒定律。到这里，开普勒曾经提出的太阳的动力的本质终于水落石出了。大家有兴趣的话可以回忆一下第 34 页中介绍的开普勒的第 4 个问答，并与牛顿的理论做一个比较。

从上面这些成果以及第二部中阐述的其他成果可以看出，牛顿从屈指可数的几个定义和基本定律出发，推导出了数量惊人的各种现象。伽利略曾经提到的论证科学最值得欣赏的特征，到了牛顿这里终于得到了完美的体现。不仅如此，开普勒发现的天界的规律、伽利略发现的地表的规律，也在这里通过严谨的数学方法形成了一个统一的体系。

牛顿之所以能够做到这些，是因为他理解了力学世界中自然所使用的词汇和语法。这就好像我们要理解某个国家的人们的思维和行为方式，就必须先理解这个国家的语言一样，要想理解自然的行为方式，也必须先理解自然所使用的语言。开普勒和伽利略读懂了这一语言中的一部分内容，而通过牛顿发现的新的数学语言，我们才得以读懂整个篇章。

无论是地表世界中我们日常所见的现象，还是天界中的月球、行星、彗星、地球等天体的运行，它们都遵循同一套规律，这一发现意味着亚里士多德自然哲学所信奉的 "天界与地界由完全不同的自然规律所支配" 这一旧思想遭到了彻底的否定。

这种否认天地两界之间差别的思想，和让原本号称 "（上帝）将地立在根基上，使地永不动摇" 的大地动起来的日心说一样，都被视为异端学说。从这个意义上来说，开普勒、伽利略和牛顿所处的时代，在科学与宗教的关系上，无论对于选择其中哪个立场的人来说，都是一个艰难的时代。我没有资格去评论宗教，但我认为也不应该完全回避，因此接下来我想简单地讲一讲这个话题。

4. 科学与宗教

1633 年 6 月，伽利略在罗马教廷的宗教裁判所接受了异端审判，这是在他发表《世界对话》的一年后。判决书中是这样描述他被告发的经过的：

被告伽利略信奉一些人宣扬的伪说，即太阳位于宇宙中心且不动、地球是运动的而且在自转的学说，还向其弟子宣扬这一学说，并就此学说与德国的一些数学家通信[34]，发表著作《论太阳黑子》，并于其中宣称这一学说是正确的。不仅如此，为了应对以《圣经》为依据对这一学说所进行的驳斥，被告擅自对《圣经》进行了牵强附会的解释。以上为告发被告的理由。

实际上，早在 1633 年的十多年之前，就有人告发过伽利略，但据说当时教廷鸽派主张从长计议的意见占了上风，因此没有对伽利略进行审判。后来，《世界对话》的发表对教廷鹰派以及学界的守旧派产生了巨大的刺激，这才造成了这场审判。判决书中详细描述了整个事件的来龙去脉，也详细记录了异端审查官们的意见，但在这里我们先略过这些内容，直接看一看最后的判决结果。判决结果是这样的：

根据上述情况，对于为被告带来强烈异端嫌疑的伪说，尽管宗教裁判所曾明确声明其违背《圣经》，然而被告依然认为可以信奉该学

---

34. 顺便说一句，这里所说的 "德国的一些数学家" 应该并不是指开普勒，但伽利略与开普勒之间的确通过信。

说以及为该学说辩护，宗教裁判所认为被告有明确的信奉伪说之嫌疑。因此，宗教裁判所宣布，根据教廷律法以及其他法规，对被告处以适用于该罪名的所有刑罚。

从告发理由来看，伽利略的问题主要有两个。一个是信奉日心说并向其他人宣扬这一学说，另一个是为应对根据《圣经》所进行的驳斥而对《圣经》进行了曲解并宣扬这一解释。

关于第一个问题，教廷的底线是日心说不能被认为是真理，而只能是假说[35]。关于第二个问题，即对《圣经》的曲解，指的是伽利略的下述观点，这一观点见于伽利略写给托斯卡纳大公夫人的《致克里斯蒂娜大公夫人的信》中。

……《圣经》和大自然都是出自上帝的旨意，前者是圣灵所述，后者是根据上帝的神谕所执行的结果。《圣经》是为了增进普罗大众的理解，因此就其文字的字面意思来说，与绝对的真理有着很多的不同。相对地，大自然则无法超越上帝所制定的规律……上帝之神迹不仅体现在《圣经》的神圣文字中，更体现在大自然的各种效果中……

也就是说，伽利略认为上帝的启示不仅存在于圣灵所述的《圣经》中，也存在于上帝创造的大自然的运转之中。其中，前者使用的是一般人能够理解的语言，而后者使用的是通过特别的努力才能够理解的语言。因此，后者体现的规律有可能与一般语言所描述的内容不同，但我们不能因此认为后者就是伪说。伽利略还补充道：

---

35. 请回忆一下序章第 10 页中奥西安德尔的话。不过，也有人说此人是反教皇的路德派神学家。

……圣灵的意志是灵魂的救赎，即告诉我们灵魂在天界将去往何处，而并不是要告诉我们天界是如何运行的。

也就是说，伽利略试图将灵魂的救赎与天文学的势力范围区分开来，这一点应该就是教廷所说的 "擅自对《圣经》进行**牵强附会**的解释"。

无独有偶，伽利略对于《圣经》的这种遭到批判的曲解，其实开普勒也曾经做过[36]，他在《新天文学》中也阐述过这样的观点。开普勒认为，过去有很多人都出于信仰原因没有能够认同哥白尼的思想，这些人担心宣称地球是运动的、太阳是静止的这种思想，会因为违背《圣经》中上帝的旨意而受到批判。不过，接下来他又继续写道："《圣经》是为了向人类传达尊贵而崇高的意志，因此体现的是人类之中的一般常识。" 例如诗篇第 104 章中说："上帝将地立在根基上，使地永不动摇[37]。" 但这并不是说诗篇的作者在讲物理，而是"诗篇的作者被全能的上帝之伟大力量所折服，从而谱写了这样一篇对造物主的赞歌。在这首赞歌中，诗篇的作者逐一列举了映入其眼帘的自然事物……通过这首赞歌让人类认识到，上帝的造物是强大的、不动的、坚固的，上帝的力量是伟大的。"

开普勒继续写道：

如果一位天文学家说 "地球穿行于繁星之间，我们随之一起飞向远方"，其实他并没有推翻诗篇的作者所描述的东西，也没有破坏人类的经验。因为我们所造的建筑物会老化崩塌，但作为宇宙建筑师的

---

36. 和伽利略不同，开普勒是新教徒。
37. 参见第 72 页。

上帝的作品，地球是不会崩塌的；地球上没有瑕疵，生物各得其所，山脉和海岸经过风波的冲击还像最初一样坚固，这些才是世界的真理……

最后我们来说说牛顿。牛顿的思想与伽利略、开普勒有着巨大的不同，我们由此可以感受到时代的变迁。牛顿在《原理》的结尾这样写道[38]：

这个最为动人的太阳、行星和彗星体系，只能来自一个全能全智的存在的设计和统治。如果恒星都是其他类似体系的中心，那么这些体系也必定完全从属于"唯一神"的统治，因为这些体系的产生只可能出自同一份睿智的设计；尤其是，由于恒星的光与太阳光具有相同的性质，而且来自每个系统的光都可以照耀所有其他的系统：为避免各恒星的系统在引力作用下相互碰撞，他便将这些系统分置在相互很远的距离上。

从这段话我们可以看出，牛顿认为宇宙里并没有天球，也没有中心，只有包含不计其数的恒星的无限空间。宇宙是如此广袤，以至于地心说和日心说之争看起来都只是井底之蛙。对于牛顿来说，太阳并不是位于宇宙中心的一个特殊的天体，而只是天界中无穷多的恒星中的一颗。而且，这些恒星之中，每一颗恒星应该都有围绕其旋转的行星，而地球也只是这些不计其数的行星中的一颗。对于牛顿来说，真正伟大的是创造这广袤宇宙的"唯一神"，他不是人们常说的"我的上帝、你的上帝、以色列人的上帝、诸神之神、诸王之王"，而是一

---

38. 摘自《原理》的中译本，王克迪译。译者对原译文略有改动。——译者注

个 "从永恒持续到永恒，从无限延伸到无限，至高至上全能全智的存在"。

牛顿所说的神并不是教廷的教理中所信奉的上帝。对于牛顿来说，耶稣基督是伟大的宗教上的天才，但他不是圣子；《圣经》是具有神圣内容的贵重教义，但不是由圣灵传达的上帝的启示。简而言之，牛顿相信上帝的存在，但不相信圣父、圣子、圣灵的三位一体，也就是所谓的 "一位论者"（Unitarian）。然而，尽管牛顿具有这样的思想，但却没有被作为异端者送到教廷接受审判，这是因为半个世纪以来，宗教和科学的势力范围已经按照伽利略所提出的界限重新进行了划分，我们可以说，这体现了历史的力量。

5. 从炼金术到化学

前面我们花了很长的篇幅介绍了占星术与天文学的关系，以及天体的运行与地面物体的运动是如何统一成同一个体系的。在这一过程中，我们沿着历史的足迹，介绍了几位先贤如何将巫术和其他神秘元素从自然哲学中剥离出去，同时将其从束缚人心的陈旧观念和宗教教理中解放出来，重新划定了科学和宗教的势力范围。

与上述历史几乎在同一时期，有另一件事也在朝着同样的方向演进，这就是近代化学从充满强烈魔法气息的炼金术中脱胎诞生出来。接下来我们将通过对英国化学家和物理学家罗伯特·波义耳（Robert Boyle，1627—1691）的介绍，简单了解一下近代化学的诞生过程。

序章中我们已经介绍过，炼金术和占星术一样，都是于跨越公元前至公元后的几个世纪中，在尼罗河口的亚历山大港形成其体系的。随后，炼金术在中东的世界中发扬光大，后来传播到了欧洲。第谷和开普勒所侍奉的那位奇葩的皇帝——神圣罗马帝国鲁道夫二世，除了热衷于占星术之外，也特别热衷于炼金术。在他的宫廷之中，除了第谷等人所在的天文研究所之外，还设立了很多神奇的研究所，有很多炼金术士在此进行研究。

不过炼金术士也分为三六九等，上至身份高贵的皇家学者，下至昏暗山洞里专门念咒的草根术士。此外，炼金术士的研究范围也十分广泛，有些人只能搞搞巫术，而另一些人不论其动机为何，则在金属冶炼和制药方面取得了一定的成果，并通过各种实验，从结果上为化学的确立铺平了道路。尽管叫炼金术，但其目的不仅仅是为了冶炼黄金这一世俗行为，同时也为了发现世界深处的秘密，在无法压抑的求知欲的驱使下，把各种矿石、金属、硫黄、硝石、石灰、硼砂，还有植物、动物等进行焚烧、干馏、熔融、混合。

当然，这些人并非毫无章法地乱试一气，而是在某种哲学体系的指导下进行这些研究。不过这些原理大多是一般人看不懂的神秘的比喻和隐语，或者离奇的绘画和符号，这些东西混合起来，成了一锅黏糊糊的大乱炖，而这些术士大多喜欢秘密行事，这散发出浓郁的魔法气息。不过在这锅大乱炖中，确有一些东西是共通的。刚才我们所提到的类似化学实验的操作，能够让各种物质产生变化，但这其中需要一种具有神奇力量的东西产生作用，这种东西有很多名字，比如"贤者之石""炼金药（elixir）""第五元素"等。

在这一哲学体系的基础上，再加上阿拉伯的"魔法"，就和我们之前提到过的古希腊哲学家亚里士多德的思想产生了关联。这位著名哲学家认为，地上万物都是由土、水、空气和火这四大元素构成，而天界则是由第五种元素以太构成，但炼金术士认为，这种第五元素也浸润着下界的万物，是为各种物体赋予活力的世界之灵。因此，如果能够用某种方法将其提取出来，不但可以用这一力量对物质进行自由地转换，甚至能够将上帝赋予物质世界的创造力收入人类之手。

总之，如果能够通过第五元素的力量揭开世界深处的秘密，不但可以将廉价的金属变成黄金，还可以制作出包治百病的万灵药，甚至可以得到无尽的幸福。可以说，在大多数炼金术士的内心深处，都埋藏着这样的愿望。

正如我们在第 41 页中所讲到的，亚里士多德所说的四大元素，即土、水、空气和火，分别具有下降、上升等自发运动相关的性质。

此外，根据亚里士多德的理论，这四大元素还被赋予了"热"和"冷"、"干"和"湿"这四种基本属性的组合。例如，"热"和"干"的组合为火，"干"和"冷"的组合为土，"冷"和"湿"的组合为水，"湿"和"热"的组合为空气。

亚里士多德认为，四大元素并非一成不变的，例如，火和土都具有"干"的属性，如果像这样两种元素共有同一种属性，则可以以该属性为媒介，从一种元素转化成另一种元素。例如，火可以以"干"为媒介转化成土。此外，还有另一种可能性，就是将两种元素合起来，并各自去掉一个属性，从而转化成第三种元素。例如，将火和水合起来，如果去掉火的"干"和水的"冷"就得到了空气，而如果去掉火的"热"和水的"湿"就得到了土。

当时的炼金术士想，利用这种可转化的特性，就可以随意改变某种物质中各种元素的比例，也就可以自由地将廉价的金属变成黄金，只不过这需要第五元素，或者"炼金药"的力量才能实现。

不过，伊斯兰炼金术士的哲学和亚里士多德哲学并非完全相同，而是在此基础上加入了独特的修饰。例如，他们认为，尽管物质从根本上说都是由四大元素构成的，但决定金属性质的则是水银和硫黄这两种性质。而且，随着炼金术的对象从金属推广到其他物质，在水银和硫黄之外，又增加了盐的性质。

因此，物质所具有的性质都是由这两种或者三种"原质"的组合和比例所决定的，这是炼金术的理论之一。亚里士多德的理论被称为"四元素说"，而这一经过修饰的理论称为"二（三）原质说"，一般认为后者才是炼金术的正统哲学体系。

上面我们介绍了炼金术到底是怎样一种东西，在 17 世纪前后，炼金术在欧洲各地都十分盛行。当然，也有很多人反对炼金术，其中也有一些化学家，他们发现在实验室里进行和炼金术士看起来相同的操作，其结果却与炼金术理论所描述的截然不同。这些人之中，就有我们下面要介绍的这位以提出波义耳定律而闻名的英国化学家罗伯特·波义耳。

波义耳认为，应该从炼金术中剔除那些虚假的东西，以及"贤者之石""炼金药"这种神秘要素，并从亚里士多德学派的固有观念中解放出来。他还提出，化学家的使命并不是炼金炼药这种世俗的东西，而是通过真正合理实证的方法来发展化学，利用从中得到的正确知识为人类支配自然做出贡献。

1659 年，波义耳撰写了一篇名为《尝试将化学实验用于说明微粒哲学思想的若干实例》（简称《若干实例》）的标题很长的文章 [39]，在这篇文章的序言中，波义耳写道：

> 几年之前，我得知了学者们的一些想法。他们认为，对自身研究充满希望的人，与其将在化学实验上倾注的心血用在那些骗人的研究上，还不如将其更加有效地去运用。得知他们的想法之后，我认为，化学实验的目的并非在于炼金术士们所追求的"炼金药"，而是在于增加人类对自然原理的认识，以及人类支配自然的能力。我相信表明自己的这一观点不是毫无意义的……

波义耳认为，通过化学改良金属以及其他各种材料的性质，还可以制造出各种药品，从而为人类的生活做出贡献，这些都可以证明化

---

39. 1659 年正好位于《世界对话》和《原理》的出版年份的中间。

学家的努力绝不是空虚的，但是化学的意义也绝不是仅此而已。必须强调的是，化学对于哲学也是有用的，化学可以帮助哲学家进行思考和研究。因此，正如这篇文章的标题所示，波义耳在文章中列举了一些对哲学有用的化学实验的例子[40]。

从这一段话可以看出，当时炼金术的思想依然根深蒂固，而且即便是专业人士也没有充分理解化学家与那些骗人的巫术师之间的区别。

为了搞清楚真正的化学与炼金术的化学之间到底有什么区别，波义耳又写了一本题为《怀疑派的化学家》的著作，其中对于亚里士多德的"四元素说"以及后来出现的"三原质说"的实证依据提出了质疑。波义耳认为，无论是四元素说还是三原质说，那些人言之凿凿的，似乎毫无怀疑余地的假说，一旦仔细分析就会对其真理性产生诸多疑问。那些人声称自己的理论是经过实验证明的，但实际上则恰恰相反，他们是先臆想了一套真理，然后再根据这套所谓的真理，试图用实验证明自己的推论的正当性。

例如，无论是四元素说还是三原质说，它们都将物质性质的起源归结于物质中所包含的元素或原质。具体来说，四元素说中将"重"，即趋于下降的性质归于土和水，将"轻"，即趋于上升的性质归于空气和火，而且通过元素之间的关系来解释"干""湿""热""冷"等性质。相应地，三原质说中将可燃性和气味归于硫黄，将味道归于盐，将蒸发性归于水银。

于是，为了证明其理论的正确性，四元素派提出了如下实验。点燃一片新鲜的木头，我们就可以清楚地看出其中的四大元素：火焰所

---

40. 至于此时他对于"哲学"这个词是如何理解的，我们稍后会进行介绍。

散发的热量说明其中含有火元素；烟上升并消散于大气之中体现了其中的空气元素所具有的 "轻" 的性质；新鲜的木头在燃烧时会不断流出液体，这说明水元素的存在；燃烧剩下的灰是干燥的且沉积在下方，这正是土元素的性质。波义耳认为，这个例子就是先预设四元素说是正确的，然后再反过来按照对自己学说有利的方式去解释现象。

对于三原质说，波义耳质疑是否物质的性质都可以归结为这三种原质呢？比如对于某一种性质，三原质派内部都无法达成一致，有人说这是水银的性质，有人说是盐，有人说是硫黄。波义耳认为，这说明他们标榜的那些能证明原质说的实验本身就是不确定的。

上述内容只是我从波义耳的长篇大论中摘取的一小部分，并按照自己的理解讲出来。除此之外，他还列举了很多无法用四元素说和三原质说来解释的实验，并认为仅通过这些物质成分的存在和比例是无法解释这些现象的。波义耳提出，这些学说都认为化合物的性质反映了其中所含有的元素或原质的比例，但这种静态的思想是不够的，而是要尝试一些更加动态的思想。他认为，自然哲学家作为核心问题所研究的各种现象的根本原因，在于物体中的微小部分不断运动相互碰撞的一种系统。波义耳在这里用了 "物体中的微小部分" 这种说法，他也将这一概念称为 "微粒"（corpuscle），并将这一思想称为 "微粒哲学"（corpuscular philosophy）。从波义耳的思想来看，他想说的其实是 "原子论"，但他之所以说 "微粒" 而不是 "原子"，是因为他没有认为这是一种不可分割的单元。除去这一点之外，他的思想与原子论并无二致。

事实上，在我们之前引用的《若干实例》的序言中，波义耳也提到微粒哲学可追溯至古希腊原子论的学说，笛卡尔学派的学者也提出了本质上相同的哲学体系，并以此来说明化学实验对于这些哲学体系是有用的。在序言的结尾，波义耳总结道：

> ……在思考了这些问题之后，我认为，如果能够通过我的努力，使得化学家和微粒哲学家之间建立一种同盟关系，那么这一定能够对自然哲学的进步做出不小的贡献。如果这样的关系得以建立，双方的思想就可以彼此刺激，互通有无，于是化学实验中的很多现象可以通过微粒哲学的思想得以阐明，而微粒哲学中的很多思想也可以通过化学实验得以验证。

通过这段话我们可以看出，波义耳所说的让化学对哲学有用，这里的哲学具体指的就是"微粒哲学"。波义耳希望建立化学家和哲学家的"同盟"，用现在的话说就是实现跨学科合作研究，并希望以此发现有实验证据支持的真正的哲学。

然而，波义耳在有生之年没有能够实现建立化学和原子论同盟的愿望，这一愿望的实现还需要一个半世纪的铺垫。直到 19 世纪初，即 1803 年，这一愿望才在道尔顿的努力下得以实现。尽管如此，将化学从炼金术中解放出来，并朝着近代实证科学的方向演进，这一意图在当时已经由波义耳明确地提了出来。

第二章

1. 技术进步与物理学

前面我们介绍了 16、17 世纪时物理学和化学摆脱占星术和炼金术的体系，最终演变为近代科学的过程。同时，我们还简单梳理了科学与宗教的关系。不过，相对于科学的确立而言，我们也不能忽视其与技术之间的联系。

实际上，科学与技术有着很深的联系，以至于经常被当成是同一种东西。例如，在某现代术语词典的目录中，"科学"词条中大约有一半都是航天、核能、石油，以及各种工程，这些全都属于技术的范畴，但它们却和物理学、化学、生物学、天文学等科学罗列在了一起。

的确，把科学与技术混在一起也并非没有道理。科学体现了对世界深处的规律和奥秘的探求这一人类与生俱来的求知欲，而技术则是人类为改善自身生活对自然事物进行改造的意欲。因此，科学与技术各自具有从根本上完全不同的目的和方法论。但从另一方面来看，技术的存在都是以自然规律为基础的，而科学的发展需要更精密和完善的观察和实验，这也离不开技术。所以说，科学与技术的关系就像两张交织在一起的网，相互之间密不可分。

尽管我们说技术的存在都是以自然规律为基础的，但在科学确立之前，人们就已经通过经验得到了一些知识的碎片，并在此基础上发展出了各种各样的技术。这些技术在古代文献中都有所记载，在古代遗迹中也留有相应的痕迹。

　　不仅如此，纵观科学史我们会发现，技术发明促进科学发展的例子反而更多，比如望远镜的发明就是一个很好的例子。

　　据说望远镜是在 17 世纪初由荷兰人偶然发明的。根据文献记载，1608 年荷兰的一位配镜师向国会申请了一项名为"能够使远处的物体看起来像是拉到近处的玻璃组合装置"的专利。随后，军方首先对这一发明表示出浓厚的兴趣。然而，这一消息不胫而走，迅速传遍了欧洲，当然也传到了伽利略的耳朵里。

　　于是，伽利略马上把望远镜进行了改良并用于天体观测，并因此获得了诸多发现，这件事我们在第一章第 2 节中已经介绍过了。这些发现对教廷和信奉旧学说的学者产生了巨大的冲击，伽利略也因此被推上宗教裁判所，打上了异端的烙印。望远镜在教廷丧失权威的过程中扮演了重要的角色，到了牛顿的时代，使用望远镜已经成为天文学的常识，天体观测的精度也比第谷的时代有了显著提高，教廷公认的旧学说在天文学的面前变得更加黯然无光了。

　　有趣的是，除了伽利略之外，开普勒和牛顿也分别研制了各自的望远镜。伽利略的望远镜采用凸透镜和凹透镜组合的方式，而开普勒则采用了两个凸透镜的方式，不仅如此，他还热衷于望远镜的理论研究，并撰写了一部题为《折射光学》的著作。牛顿则采用凹面镜反射来代替物镜，据说他还发挥专长亲自研磨他的凹面镜。后来，人们将上面三种方式分别称为伽利略式、开普勒式和牛顿式望远镜。现在，双筒望远镜大多采用伽利略式，而开普勒式和牛顿式望远镜则在天文台发挥威力。

　　望远镜的发明不仅为天文学做出了贡献，还刺激了光学的发展。望远镜为光的折射定律，即"斯涅尔定律"赋予了新的含义，并成为开普勒发展其折射光学的动机。此外，望远镜成像中的色散现象表明不同颜色的光其折射率不同，这成为了牛顿光学中的核心问题。后来牛顿提出白色光是由彩虹的七色光混合而成的，这一光学理论引发了很多争议，但结果证明牛顿的理论是正确的，并被一直沿用至今。

　　配镜师发现的现象造就了望远镜，最终帮助人们战胜了旧学说，除此之外，还有其他一些类似的例子，下面我想再讲一个。这是由水泵工人发现的一种现象。人们用水泵从水井和河流中抽水，这一技术是什么时候由谁发明的现在已经不得而知了，但早在 16 世纪时，水泵技工就已经知道用水泵无法将水抽到 10 米以上的高度。伽利略在《新科学对话》中也提到了这一现象[1]，而且还指出这个 10 米的极限与水泵的大小以及水管的粗细完全无关。

　　伽利略在《新科学对话》中对这一现象进行了解释，他认为，水管里的水柱超过一定重量时，水泵的活塞就无法继续拉动水面上升，于是就在活塞和水面之间形成了真空。自然具有厌恶真空的性质，因此为了避免出现真空，就会有一种力使得活塞能够把水面拉上来。根据水泵技工的发现，这种力的大小正好相当于 10 米水柱的重量，如果超过这一重量就拉不动了。以上就是伽利略的解释，他把这种力称为"真空的力"。

　　当然，"真空的力"这种理论是错误的。后来托里拆利用水银代替水进行了实验，十年之后，有人在帕斯卡（Blaise Pascal，1623—1662）的指导下又在高山上重复了这一实验，这才对水泵的现

---

1. 伽利略通过萨尔维阿蒂说道："无论唧筒是大或者小，甚至是像麦秆一样细，也无论水量多大，都只能抽到 18 肘（cubit）的高度……"

象给出了正确的解释。也就是说，所谓真空的力，实际上是大气自身的重量对开放的液体表面所施加的压力，也就是大气压。但无论如何，在水泵工人发现这一现象之前，人们都坚信亚里士多德提出的"不存在真空"的观点，帕斯卡自己也免不了和这些顽固守旧的人发生争论。

总之，在真空的可能性以及大气压的发现上，水泵技工可以说是功不可没。这一发现不仅帮助推翻了旧学说，而且自然厌恶真空的力量存在极限，这一现象的发现促进了真空泵的发明。大家应该都知道著名的格里克马德堡半球实验。此外，波义耳也通过自制真空泵进行了各种关于气体的研究，因此他最有名的身份并不是一个怀疑派的化学家，而是气体物理学的先驱，并留下了著名的波义耳定律。

因此，对于物理学与技术的关系，在这个时代显然是技术更加领先一步，而且其中包含了许多偶然因素。不过，当 17 世纪结束，进入 18 世纪之后，很多事情就不仅仅是偶然了。关于这一点的例子有很多，下面我们来讲一个典型的例子，那就是蒸汽机的发明与热物理学之间的故事。

2. 瓦特的发明

18 世纪的欧洲，技术的发展如火如荼，其中最大的发明莫过于蒸汽机。

之所以说蒸汽机比以往任何技术发明都更具有划时代的意义，是因为和以往所发明的机器不同，蒸汽机是一种产生动力的机器。以往人们也发明过各种机器，但驱动它们不是依靠人力或畜力，就是依靠水力和风力。而蒸汽机使得热能动力的利用成为可能，这显著拓展了人类所掌握的动力源的范围。

在蒸汽机的发明上，也是技术一方领先一步。蒸汽机是一种用水蒸气推动活塞在汽缸中运动的原动机，也就是把水泵反过来用。17 世纪到 18 世纪的欧洲，采矿业十分兴盛，当时矿坑内的排水泵都是依靠人力或畜力驱动的，已经无法满足需要。这时，有人想到能不能用蒸汽来推动活塞呢？据说首先提出这种想法的是法国人帕潘，后来到了 17 世纪末 18 世纪初，英国人纽科门制造出了可大规模实用的蒸汽机，并逐步从英国推广到整个欧洲。

纽科门蒸汽机的结构是这样的：在一个产生水蒸气的锅炉上面安装一个直立的汽缸，再在汽缸中安装一个活塞。首先，当打开锅炉和汽缸之间的蒸汽阀门时，蒸汽便流入汽缸内，活塞被蒸汽的压力顶起。接下来，当活塞上升到顶部时，关闭蒸汽阀门，同时短暂打开汽缸中的另一个冷水阀门。于是，冷水被喷入汽缸，使得汽缸内的蒸汽冷凝成水。这时，活塞被"真空的力"向下"吸引"，或者正确来说，应该是被"大气压"向下"压缩"。然后，当活塞到达汽缸底部时，再打开另一个阀门，将汽缸中的水排出之后再关闭阀门，这样就完成了一次循环。重复这一过程，活塞就会上下往复运动，接下来只要将活塞连接到矿坑里的水泵上就可以了。

然而，纽科门蒸汽机有一个缺陷。当向汽缸内喷射冷水使蒸汽冷凝时，汽缸壁也被一起冷却了，于是下次蒸汽进入汽缸时，一部分能量要用于加热汽缸壁，造成了能量的浪费。

有一个人注意到了这个问题，他就是著名的詹姆斯·瓦特（James Watt，1736—1819）。据说瓦特是为格拉斯哥大学提供机器装置的商人，但他同时也是一个具有科学思维和技术直觉的人。在英国科技史学家克劳泽（James Gerald Crowther）的著作中，介绍了一个关于瓦特如何发现纽科门蒸汽机缺陷的轶事，从中可以看出瓦特并不仅仅是一个商人，下面我们来讲讲这个故事。

也许是为了教学需要，格拉斯哥大学里有一台纽科门蒸汽机的原型机，这台原型机是按照实物等比例缩小的，其结构和实物十分相似，但却无法运转起来。学校请了很多专家来检查故障原因，但都没能找到任何故障。这时轮到瓦特出场了。

在排查故障的过程中，瓦特发现如果把锅炉的火烧得很旺，这台原型机还是能够勉强运转起来的，但是这需要的蒸汽量也实在太多了。瓦特发现，本该用来推动活塞的蒸汽，很多都变成水浪费掉了，这是因为当蒸汽机被缩小后，汽缸壁的表面积与体积（容积）之比变大了[2]，因此喷射冷水对汽缸壁的冷却作用比大型蒸汽机更加显著，造成的结果就是大型的实物蒸汽机运转起来问题不大，但缩小后的原

---

2. 因为面积与长度的平方成正比，体积与长度的立方成正比。

型机就运转不起来了。反过来看,这一理所当然的问题瓦特之前的人居然都忽略了。于是,汽缸壁冷却造成蒸汽能量的浪费,这一纽科门蒸汽机的缺陷在原型机上被放大,并使得瓦特最终发现了它。

瓦特认为,要想制造出能效更高的蒸汽机,就必须尽量减少汽缸壁的冷却。为了搞清楚如何才能实现这一点,瓦特开始进行各种基础实验,比如重新加热冷却的汽缸壁所需要的蒸汽量,以及汽缸材料的导热性与蒸汽凝结量之间的关系等,他就像一位真正的科学家在实验室里进行研究一样,将所有的实验都做得有板有眼。

在反复研究的过程中,忽然有一天,瓦特的脑海中像发明家一样闪出了一个主意——我们可以不往汽缸里直接喷射冷水,而是将蒸汽先排进一个与汽缸相连的容器中,然后在这个容器中进行冷凝。这样一来,汽缸本身就不会被冷却,蒸汽在每次喷射冷水时会进入这个另外的容器完成冷凝。

瓦特于 1765 年实现了他的这一设想,并于 1769 年获得了专利。

之所以花这么大的篇幅来讲瓦特的故事,是希望大家了解瓦特与以往的发明家在方法上的不同。以往的发明家大多是靠灵感和试错,而瓦特则是一板一眼地去研究。

瓦特在进行基础实验的过程中,也得到了他经常光顾的格拉斯哥大学的帮助。大学里的几位教授发现瓦特并不是一个简单的商人,也不是一个机器技工,而是一个会对事物的本质刨根问底的人,因此他们对瓦特的工作给予了很多建议,其中一个例子就是布拉克教授。布拉克教授是一位物理学家、化学家以及医学家,在物理学方面,他提出了温度、热量等概念及其测量方法,也是热学的奠基者之一。瓦特的热学知识就是布拉克教授传授给他的。

瓦特还为蒸汽机引入了各种新的设计。在纽科门蒸汽机中，汽缸的顶部是暴露在大气中的，瓦特提出可以将汽缸改为密闭方式，使得活塞的向下运动不依赖大气压驱动，而是改为蒸汽力驱动。这样一来，就不需要喷射冷却水，而且通过使用压强超过大气压的高压蒸汽，可以大幅提高蒸汽机的效率。此外，瓦特还提出了一种将活塞的往复运动转换成车轮的旋转运动，并能够对其速度进行控制的装置。

瓦特还设立了自己的研究所，召集了很多人来进行基础研究。他在汽缸里安装气压计，并提出了一种能够将活塞的运动与蒸汽压强之间的关系自动画成图表的装置（即汽缸示功器）来显示蒸汽机的功率。诸如此类的研究让当时的科学家都望尘莫及，据说所谓的"瓦特定律"也是在这些研究的过程中被发现的。

瓦特的工作始于格拉斯哥大学里的一台原型机，这可能只是历史的偶然，但我们可以说，这一偶然也是科学与技术之间新纽带的原型。在此之前，技术从属于工匠，而科学从属于学者。技术主要是在工匠们所工作的工厂中，在师徒之间口传心授，靠直觉进行改良，靠试错进行推广。而瓦特则利用了大学这一科学的殿堂，将科学研究中所使用的严谨的推理和实验方法运用到技术改良中[3]。今天我们所说的"工程"（engineering）、"技术"（technology）等词汇，据说就是从瓦特的时代开始被赋予其具体内容和实际意义的。

正如我们一开始所提到的，瓦特的发明本身并不是科学发现的产

---

3. 值得指出的是，首次明确提出"对于改善技术发展依赖于直觉和试错的状况，科学思维应发挥重要的作用"这一观点的人其实是伽利略。

物，但通过上面的故事我们可以看到，在瓦特的发明趋于完善的过程中，科学对于明确问题的原因并解决问题起到了指导性的作用。众所周知，瓦特的成就在工业革命中扮演了重要的角色，为社会带来了巨大的影响。据说，随着瓦特蒸汽机的出现，英国的煤炭开采量翻了十倍。

另一方面，瓦特的发明也开创了科学的一个广阔而重要的研究领域，这一领域试图阐明由热产生机械力的过程中所蕴含的自然规律。相比望远镜的发明和水泵技工的发现，瓦特的发明不但毫不逊色，而且为物理学带来了更大的发展。这一新发展甚至超越了物理学的范畴，在更广阔的领域中发挥了举足轻重的作用。"能量"从科学家头脑中的一个概念变成今天我们十分常见的一个具体的东西，以及"熵"的概念为我们所耳熟能详，这些都是这一物理学的新发展所带来的结果。

就这样，我们迈入了 19 世纪。

3. 论火的动力

在热产生机械力的过程中，到底蕴含了怎样的自然规律呢？在这一问题的探索中，最早迈出实质性一步的，是法国人尼古拉·卡诺（Nicolas Léonard Sadi Carnot，1796—1832）。卡诺在 28 岁时发表了一篇题为《论火的动力》的论文，阐述了自己的理论。或许是因为其理论的独创性太强，当时的一些科学家都没能注意到它的价值。在卡诺去世后，距离论文发表过了差不多十年，他的论文才被同为法国人的克拉佩龙[4]发现并重视。克拉佩龙根据其十年来积累的实验数据，对《论火的动力》的内容进行了补充和完善，并将卡诺仅用文字描述的理论总结成明确的数学公式。特别值得注意的是，正如论文标题所传达的，卡诺的重点在于 "论"（reflection），相对地，克拉佩龙则通过实验数据给出了大量的证据。

尽管如此，克拉佩龙的成果大概在当时依然过于先进，并没有得到人们的重视，只能暂时在纸面上沉寂。然而，卡诺在《论火的动力》中阐述了一个重要的理论，这一理论在其去世二十年后，才终于得到了应有的关注。

卡诺在《论火的动力》的开头就明确提出，他撰写这篇论文的动机是为了改良蒸汽机。他在论文的开头这样写道：

> 众所周知，热可以成为运动的起因，而且它拥有巨大的动力，如今十分普及的蒸汽机就是对这一点的最好证明。

---

4. **写给物理学生的注释**：大家所熟悉的 p-V 曲线图就是他发明的。

接下来，卡诺提出，我们所见到的各种大气现象，如大气扰动、云的上升、降雨等，都是因热而起，地震和火山的原因也是热，这充分说明热蕴含了巨大的动力，或者用今天的话来说，热具有巨大的能量。

卡诺的论文发表于 1824 年，而早在 1802 年，英国的富尔顿就造出了蒸汽船，而且在论文发表的五年前，人们就已经成功地用蒸汽船横渡了大西洋。对于这样的时代背景，卡诺在论文中是这样说的：

> 使用热机进行航海……让相距最远的国家的人们彼此接近。旅行时间、疲劳、不安、风险等因素的减少，也就是相当于显著缩短了彼此之间的距离……

今天，飞机的普及显著缩短了我们的旅行时间，经常有人说地球比以前变得更小了。随着蒸汽船的发明，19 世纪的人们大概也有着同样的想法。

但是，卡诺提出，尽管热机已十分普及，而且一直在不断改良，但其相关理论却非常缺乏，这些改良工作也几乎都是十分随意的。我们刚才介绍瓦特的时候曾经提到，瓦特的工作让很多科学家**望尘莫及**，但在卡诺看来，瓦特的做法还是太随意了。

接下来，卡诺开始阐述自己的理论，他的提纲如下：

> 在这里要探讨的问题主要有以下这些：热的动力[5]是否有极限？在热机的改良上，是否存在一个无论通过任何手段都无法超越的由事物的本性所决定的极限？在产生热的动力方面，是否存在比水蒸气更

---

5. 准确来说应该是"功率"或者"效率"。

好的工质，例如空气在这一方面是否存在优势？下面我们将对这些问题进行深入的探讨。

卡诺在这里所说的"由事物的本性所决定的极限"，指的是与热机采用怎样的结构、设计以及采用何种工质无关的，在一般意义上由自然的本性所规定的某种极限，也就是任何热机都无法超越的理论上的极限。

在这一问题上，卡诺用以水的下落产生的动力进行驱动的机器进行了类比。也就是说，无论这种机器的结构如何，从水的下落中获得的动力都无法超过由落差和流量所确定的一个最大值，这是由力学的原理[6]决定的。卡诺认为，在热机中也存在一种类似的一般原理，没有任何热机能够超越由这一原理所决定的极限。

下面我们来看看卡诺的论述。首先，卡诺注意到在由热产生动力的过程中，一定伴随热从高温向低温的转移。以蒸汽机为例，首先，高温的火焰将热传递给锅炉中的水，由此产生的高温蒸汽推动活塞之后，又在冷凝器中与冷水接触将热转移给了冷水，同时自身冷凝成水被排出。在这一过程中，热从高温的火焰转移到低温的冷水和排出水中。

在蒸汽机中，水蒸气或水起着重要的作用，但在卡诺看来，水和水蒸气除了推动活塞之外，只充当了热的搬运工，而实际产生动力的主角是热本身。关于热的本质到底是什么，当时还没有一个确切的答案，有人认为是物质中的微小部分所进行的肉眼无法观察到的运动，也有人认为是一种称为"热质"（caloric）的物质性的东西，但无论

6.位于高处的水的势能与下落后的水的势能之差就是能够产生的最大动力，这个最大值无法被超越，也就是能量守恒定律。

如何，当时人们已经确立了"热量"的概念，因此热也是一种能够测量的量。卡诺自身曾在两种学说之间摇摆不定[7]，但在撰写《论火的动力》时采用了热质说。这可能是因为卡诺是将热机与水力机器进行类比来研究的，因此将"热质"作为"水"的对应物质来对待比较方便。因此，我们先暂且跟随卡诺的思路，用热质说的观点来进行介绍。

如果热从高温向低温转移是由热产生动力的必要条件，那么这就意味着我们需要制造一种热的不平衡状态。热有从高温向低温转移的趋势，当热的物体与冷的物体相互接触时，热会从高温向低温转移，最终两个物体的温差会变为 0，然后热的转移就会停止。对于这样的现象大家都有生活经验，温差消失后，热就不会自行转移了，这就是一种热的平衡状态。卡诺指出，在这样的平衡状态下，我们是无法由热获得动力的，正如没有落差，处于平衡状态的水是无法自行流动的，因此我们也无法从中获得水力。同样，和有落差的水一样，处于不平衡状态时，热具有为了达到平衡而转移的趋势，而热机正是将热所具有的这一趋势转化为动力。

此外，卡诺还注意到另外一个现象，那就是当物体的体积和形状发生变化时，即使没有温差，热也能够进行转移。因此我们可以说，热机就是利用这一现象，对于热质想要从高温向低温转移的欲望，尽量不通过温差予以满足，而是通过物体的体积和形状变化予以满足，而这种体积和形状的变化就可以作为功提取出来。因此，这一过程进行得越顺利，热机的效率也就越高。

___

7. 在卡诺去世几年后，人们发现了他的一本笔记，其中记载了热可能是物体内部所发生的肉眼无法观察到的运动这一观点。关于这一点我们稍后也将涉及。

　　在上述这些铺垫性理论的基础上，卡诺提出了一种理想的，也就是一种效率最高的热机。所谓理想的，就是能够完全无损耗地利用热质从高温向低温的转移来做功。这意味着在这一机器的所有运转环节中，热质的转移全部通过物体的体积和形状变化来实现，而完全没有除此情况外的热质转移，也就是说没有因温差而产生的热质转移。当然，除此之外，该机器所做的功也不会因摩擦等原因重新变回热。

　　一般的蒸汽机显然不符合这些条件。首先，火焰与锅炉中的热水之间存在很大的温差，其次，蒸汽与冷凝器之间也存在一定的温差。此外，在蒸汽机中，热不仅从火焰向冷凝器转移，而且水本身会从锅炉最终排放到外部，浪费了一部分热质。

　　因此，卡诺的设想是不使用蒸汽作为工质，而是将空气密闭在装有活塞的汽缸内，也就是一种空气机。在卡诺的空气机中，要想获得动力，当然也必须对汽缸内的空气进行加热和冷却，从而推动活塞进行往复运动，为此，必须准备相应的热源和冷却器。然而，如果直接用火和冷水的话就会产生温差，因此卡诺提出用一个高温热库和一个低温热库作为理想的热源和冷却器。这里所说的热库，是指一种储存了大量热的物体，且在一定程度的热交换中其温度保持不变。

　　接下来，我们让装有空气的汽缸，首先与高温热库（为了简便起见，以下简称"热源"）接触，然后再与低温热库（以下简称"冷却器"）接触，如此往复。于是，当汽缸接触热源时，汽缸中的空气膨胀将活塞推出，同时热质从热源向汽缸中的空气转移；当汽缸接触冷却器时，汽缸中的空气收缩使得活塞被推回，同时热质从汽缸中的空气向冷却器转移。其中，当活塞向外运动时，压力与运动的方向相同，机器对外做功；当活塞向内运动时，压力与运动的方向相反，外部对机器做功。根据气体的性质，在体积不变的情况下，高温时的压力要大于低温时的压力，两者之差就是活塞在一个来回中对外所做的功。在伴随活塞往复运动对外做功的同时，热质则从热源向冷却器转移。与蒸汽机不同的是，这一机器中的空气是密封在汽缸中反复使用的，也就是说，空气不仅负责搬运热，同时还通过膨胀和收缩对活塞做功，它同时扮演着两种角色，但其自身则一直停留在汽缸中。

正如我们刚才所提到的，卡诺的这一机器要想以理想的方式运转，就必须避免产生温差，也就是说，在空气从热源吸收热质的过程中，其温度必须与热源的温度保持相等且恒定，而且空气本身的温度必须是均匀的。当空气向冷却器放出热质时，情况也是一样的。无论在上述任何一个过程中，这一点都可以通过让活塞**一点一点**地慢慢移动来实现。由于在这一过程中，空气在膨胀和收缩时温度是保持恒定的，因此称为"等温过程"（这一过程是体积变化引起热转移的一个很好的例子）。

写给物理学生的注释：

对于这里的"一点一点地移动"，我们需要用物理学的语言来解释一下。当容器中的气体接触热库时，需要经过一定的时间后，气体才能达到与热库相等的温度，且气体的温度、压强、体积才能达到满足气体状态方程的值。因此，当移动与容器相连的活塞时，就会改变气体的体积，即便一开始气体与热库的温度相同，如果活塞移动得太快，那么当气体膨胀时其温度就会低于热库，当气体收缩时其温度就会高于热库。此外，在这种情况下，气体内部会发生流动，密度和温度就会变得不均匀。总之，这样会产生不满足气体状态方程的状态。但是，如果活塞的移动速度足够慢，则可以在充分近似地满足状态方程的同时，使得气体膨胀或收缩。这种试图保持气体状态近似满足气体状态方程的活塞运动，就是我们刚才所说的一点一点地移动。要满足上述要求，我们不能任由活塞自行运动。活塞所受的加速度来自气体的压力与外力的合力，因此我们必须持续地对外力进行调整，使得这一加速度不能太大，换句话说，使得气体压力与外力一直保持近似的相等，但还要确保活塞能够慢慢移动。如果调整得太完美，使得气体压力与外力完全相等，那么机器就会停止运转，这样也是不行的，因此需要留出一个很小的不为 0 的差值 ε。大家可以认为，在"一点一点"这个词中，其实包含了上述所有这些细节。此外，为了后面讨论的需要，在此还需要指出一点。

这一点是这样的。要让卡诺热机对外做功，则当接触高温热库时活塞应向外运动，而接触低温热库时活塞应向内运动。然而，当气体接触其中一个热库时，并不知道另一个热库的温度比这个高还是低。因此，此时气体无法判断是应该膨胀还是应该收缩。那么如何才能判断呢？需要根据刚才我们提到的 ε 的符号。当外力与压力正好抵消时，气体既不膨胀也不收缩，当压力大于外力时气体膨胀，相对地，当压力小于外力时气体收缩，也就是说这是由 ε 的符号所决定的。当气体膨胀时，气体对外做功，热从热库转移到气体中；当气体收缩时，外部对气体做功，热从气体转移到热库中。于是，根据 ε 的符号，卡诺热机既可以对外做功，同时将热从高温热库向低温热库转移，也可以被外部做功，同时将热从低温热库向高温热库转移。这一事实在我们后面的讨论中将起到重要的作用。此外，一点一点这个说法有点太俗了，物理学家一般称之为"准静态"（quasi-static）过程。

这里出现了一个问题，当活塞的推出过程结束，即将转为推入时，需要将汽缸与热源分离并改为与冷却器接触，此时就会发生问题。因为切换之后，原本与热源具有相同温度的汽缸现在接触到了低温的冷却器，这时无论如何都会产生温差。当活塞的推入过程结束，即将转为推出时，也会因为同样的理由产生温差。

对于这个问题，卡诺采取了下面的方案。当时人们已经知道，在阻断热传递的情况下，对气体进行压缩时其温度会上升，相对地，使气体膨胀时其温度会下降。大家应该都经历过，在往自行车轮胎里打气的时候，打气筒会变热。这一过程一般称为"绝热过程"，卡诺正是利用这一现象，为他的热机设计了下面这样的运转方式。

具体来说，整个过程是这样的。在活塞推出运动完全结束之前的某个时间，切断汽缸与热源的接触，即阻断了热的传递，然后继续保持汽缸**一点一点**地向外运动。于是，在这个绝热膨胀的过程中，汽缸内部的空气逐渐冷却，当下降到与冷却器相同的温度时，再使其与冷却器接触。这样一来，汽缸中的空气与冷却器之间就不会出现温差了。同样，当活塞从推入转为推出时，只要在中间加入一个绝热压缩过程就可以解决温差的问题了。

综上所述，在经过①高温等温膨胀；②绝热膨胀冷却；③低温等温收缩；④绝热收缩加热这四个过程之后，汽缸内的空气就回到了初始状态，在这个循环的过程中，热被毫无损失地转换成了动力。这就是著名的"卡诺循环"。

毋庸置疑，我们实际上无法制造出严格按照这一循环工作的热机。因为活塞和汽缸表面与外界之间永远存在温差，我们无法防止热的散失，而且活塞与汽缸之间的摩擦系数也不可能做到 0。此外，这种**一点一点**的运动也完全没有利用价值。不过，卡诺所设想的这种虚拟热机[8]对于我们研究热的性质起到了非常重要的作用。

说到这里，大家有没有产生这样的疑问？前面所介绍的这个方

8.虽然无法严格实现卡诺循环，但有一种热机可以十分接近卡诺循环，这就是柴油机。因此卡诺的设计不仅帮助我们了解了热的性质，在应用方面也做出了很大的贡献。

案，是通过保持零温差的状态消除热质的无谓转移，从而获得最高的性能的，但卡诺所设想的①②③④的循环，只是一种借助空气引擎来实现这一目的的方案。因此，如果使用其他的工质，采用完全不同的结构设计，是不是可以得到性能更高的热机呢？

对于这个问题，卡诺早就为我们准备好了答案。卡诺证明，他所设想的这个理想热机的效率[9]是所有热机中最高的，或者说，无论采用何种设计，使用何种工质，没有任何热机的效率能够超越卡诺热机。卡诺的证明是建立在根本性事实的**基础之上**的，那么这一事实到底是什么呢？

卡诺热机通过热质从高温的热源向低温的冷却器转移而做功，反过来说，如果由外部对系统做功，则热质会从冷却器向热源逆向转移，我们的电冰箱和空调正是利用了这一原理。此时，外部对系统所做的功，等于系统正常运转时对外所做的功，同时逆向转移的热质的量，也等于正常运转时正向转移的热质的量。也就是说，在倒转时，卡诺热机的四个过程可以**近似**[10]逆向发生。

一般来说，有热参与的物理变化，很多都是只能朝一个方向发生，而无法**近似**逆向发生。例如，将高温物体和低温物体放在一起互相接触，热质会从高温物体向低温物体转移，使得前者的温度下降，后者的温度上升；但如果要反过来，也就是说让热质从低温物体向高温物体转移，仅仅将两个物体放在一起是绝对无法实现的。换句话说，由温差引起的热的转移是无法**近似**逆向发生的。

---

9. 热机的效率是热机所做的功与热源所消耗的热量之比。

10. **写给物理学生的注释**：正如我们在第101页中所讲过的，之所以说"近似"，是因为存在±ε的差异。但是，这里的ε可以为任意小的值。

大家注意，在卡诺热机的设计和运转中，我们已经将上述由温差引起的热的转移降为 0。原本这样做的目的是让热机的效率达到最高，但与此同时也赋予了让热机的过程**近似**逆向发生的可能性。之所以存在这一可能性，是因为**一点一点**的那个过程本身是可以逆向发生的。像这样可以逆向发生的过程称为"可逆过程"，于是我们可以说："理想热机等同于可逆热机。"

相对地，存在温差导致的热浪费的热机都是不可逆的，这是因为在这些热机中的内部存在热质从高温向低温转移的过程，而这些过程都是无法逆向发生的。因此，非理想热机都是不可逆的。此时，尽管可以通过外部做功让活塞逆向运动，但热机、热源和冷却器中所发生的现象并不是原有过程的**近似**逆向。也就是说，这些热机可以"倒转"，但并不是可逆的。为了进一步明确这一点，下面我们将可逆的倒转称为"逆向运转"，相对地，将正常的运转称为"正向运转"。

刚才我们所说的卡诺热机的根本性事实指的就是这一点。对"没有任何热机的效率能超过卡诺热机"这一观点的证明，也是以"理想热机都是可逆的"这一点为**核心**进行展开的。

卡诺的证明过程是这样的。假设存在效率超过卡诺热机的热机，我们管它叫作"超级热机"。假设在从温度相同的热源吸收等量热质并将其释放到温度相同的冷却器中的情况下，超级热机能够比卡诺热机做更多的功。现在我们让超级热机正向运转，于是一定量的热质从热源向冷却器转移，同时对外做了一定量的功，我们把这些功全部储存起来 [11]。接下来，我们用卡诺热机替换超级热机连接到热源和冷却器上，通过让卡诺热机逆向运转，我们就可以将刚才转移到冷却器中

---

11. 例如，可以用这些功将重物提升到高处。

的热质逆流。此时需要对卡诺热机做功，我们可以使用刚才储存的那些功。由于我们储存的那些功是由超级热机产生的，因此其总量应该大于使卡诺热机逆向运转所需要的功的量，那么当热质全部逆流回去之后，我们应该还剩余一些功。

由于所有的热质都已经完全逆流回去，因此热源和冷却器中的热质的量都已经回到了初始状态。结果，热源和冷却器没有发生任何变化，但我们却得到了剩余的功[12]。这种情况意味着我们凭空创造了功，也就说是我们得到了一个永动机。

当然了，这么好的事情是不可能发生的。自从人类学会制造机器，制造永动机就成为了很多人的梦想。然而这些人的尝试都以失败告终，人们已经知道，对于没有热参与的一般机器来说，力学原理已经证明不可能制造出永动机。对于本质尚未明确的热，卡诺认为永动机不可能的原理也同样成立，因此他用这一原理证明这种超级热机是不存在的。

于是，我们得到了一个结论，即无论采用任何设计，都无法制造出这样的超级热机。值得注意的是，在这一结论的推导过程中，只使用了"卡诺热机是可逆的"这一事实，而热机的具体结构、工质等特性，都与本证明无关。实际上，卡诺的空气引擎并不是唯一的可逆热机，除了使用空气，我们还可以使用水蒸气，或者是其他可以液化的蒸汽，也就是说在汽缸中可以部分液化和再次蒸发的物质，也可以使用通过化学变化可相互化合和分解的混合气体（但这一化学变化必须

---

12. 在前注中提到的把重物提升到高处的情况中，这意味着该重物并未完全回落至原来的位置。

是可逆的），等等。上述这些热机只要**一点一点**地运转，就都具备可逆热机的性质，于是我们之前的证明也是可以直接适用的，即没有任何其他热机能够超越它们。

由此，我们可以推论，在使用温度相同的热源和冷却器的情况下，所有可逆热机的效率都是相等的。在这里，热机的效率与热源和冷却器的温度相关，而与其结构和工质无关。对于这一结论，卡诺在其论文中是这样描述的：

热的动力（效率）与提取它所使用的工质无关，它的量（效率的值）只取决于热质最终发生转移的两个物体的温度，但产生动力的方式必须达到极限的完美，即完全没有存在温差的物体相互接触的情况。

卡诺从一种特殊的空气引擎出发，最终得出了一个普遍性的结论，这是因为他发现了理想热机等于可逆热机这一关系，并与永动机不可能制造出来这一基本原理结合起来。我认为，卡诺的这一真知灼见是值得大书特书一番的。

当然，我们的故事并没有就此结束，还有一些"卡诺的身后事"没有讲。后来，有人对卡诺的结论的正确性提出了质疑，但结果证明卡诺的结论是正确的。我们在后面的内容中还会经常引用卡诺的这一结论，称为"卡诺定理"。

让我们继续下一节。

4. 热力学的确立

关于热的本质到底是什么，刚才我们提到，在卡诺的时代，认为热是一种叫作"热质"的物质的观点十分流行，但是也有其他一些不同的观点。18世纪末，本杰明·汤普森（伦福德伯爵）发现，在制造火炮时，有一个在炮管上镗孔的工序，在这个工序中会产生大量的热，他认为外力做功所产生的摩擦热的量，与功的量之间存在密切的联系。因此，汤普森提出了一种理论，认为热不是一种物质，而是一种肉眼无法观察到的，物体内部存在的运动。

在卡诺的时代，汤普森的理论尚未成为主流，但卡诺也渐渐开始注意到这一理论，在卡诺去世之后发现的他的一本笔记上，就有"伦福德伯爵的实验、车轮与轴的摩擦，要实验"的记录。卡诺还自问自答道：如果运动可以产生热，那么就等于承认运动可以产生物质，答案当然是否定的，运动只能产生运动。因此，尽管卡诺在《论火的动力》中采纳了热质说，但并不等于他真的信奉这一理论。

由此可见，卡诺的心中还是摇摆不定的。他在笔记中还自问道：如果运动可以产生热，那么反过来说，热显然也可以产生运动，但为什么在这个过程中只有一个热的物体是不行的，还必须得有一个冷的物体呢？

卡诺在《论火的动力》的开头就提出，在由热获得动力的过程中，必然伴随热从高温向低温的转移，也许是觉得不回答这个问题的话，论文在逻辑上就不完整，因此卡诺在笔记上记录了进一步探索热与动力之间的关系的必要性："将伦福德伯爵的实验放在水中进行，在水中对金属打孔，计算产生的热量和消耗的动力之间的关系，然后再用各种不同的金属和木材进行实验。" 可惜的是，《论火的动力》一直无人问津，卡诺也还没来得及完成这些实验就去世了，年仅 36 岁，死因据说是霍乱。

卡诺未能完成的实验，在他去世 11 年之后，由著名的焦耳（James Prescott Joule，1818—1889）完成了。焦耳用桨轮搅拌水，测量因此产生的热量，从而测出了热功当量，这一实验大家应该都不陌生。

"卡诺定理" 的复活

于是，当热与功之间的当量关系被发现后，热质说就变得非常站不住脚了，这时热能说开始代替热质说成为主流。汤普森认为热是肉眼无法观察到的物体内部的运动，我们暂且不管正确与否，但这一观点意味着热是一种能量。因此，正如力学上物体的能量分为动能和势能，那么热也可以看作是热能。

在力学上，当物体的动能和势能相互转化时，以及当物体对外做功，或者外界对物体做功时，动能和势能的总和是不变的，也就是守恒的。同样，当热在物体之间转移时，热和运动相互转化时，以及对外或外界对其做功时，热能、机械能（动能和势能）以及所做的功的总和 [13] 是守恒的。上述理论逐渐被更多的人所接受，根据这一理论，我们在介绍瓦特的时候提到的布拉克教授所说的 "热量"，其实就是

13.此时热和功用同一单位来表示。

指热能的量。

包括热能在内的广义的能量守恒定律是在卡诺去世后不久，由迈尔（Julius Robert von Mayer，1814—1878）和亥姆霍兹[14]（Hermann Ludwig Ferdinand von Helmholtz，1821—1894）提出的。那么，我们应该如何回答那个让卡诺心神不宁的问题呢？也就是说，在用热做功时，为什么既需要高温还需要低温呢？根据迈尔和亥姆霍兹的能量守恒定律，把高温物体中的热能全部转换成功应该也是没有任何问题的。那么，同时需要高温和低温这一点，是不是和能量守恒定律相互矛盾呢？

于是，既然卡诺的《论火的动力》中论证的前提条件都需要重新审视，那么其结论，即热机的效率存在上限，也就跟着存疑了。实际上，焦耳发现卡诺采用了热质说，因此不但不相信卡诺的论证，而且还断定其结论"卡诺定理"是错误的。另一方面，尽管亥姆霍兹在其论文中引用了卡诺的《论火的动力》，但却没有对这一点进行深入讨论，似乎也是半信半疑。

不过，后来完善了热理论的英国物理学家汤姆森（William Thomson, Lord Kelvin，1824—1907）却持不同的态度。汤姆森看到卡诺的论文时，立刻就感觉到这个理论非常重要。汤姆森在支持迈尔-亥姆霍兹-焦耳理论的同时，也不想放弃卡诺的观点。

实际上，卡诺的论文发表后20年间一直无人问津，1845年，当时正在巴黎留学的汤姆森发现了它，并将它介绍给全世界。热机的效率与结构和工质无关而是只取决于温度，卡诺所发现的规律以及其推

---

14. 亥姆霍兹认为，除热能之外，还有产生电磁现象的电磁能，而这些各种形态的能量的总和是一定的（守恒的）。

理过程和思考方式，让当时年仅 21 岁的汤姆森感到无比惊叹，他觉得卡诺的论文不仅是在探讨热机的改良，而是触及了热的本性。汤姆森将温度的定义与热机的效率关联起来，这一想法正体现了他对于卡诺热机的理解。

汤姆森是如何定义温度的呢？我们通常采用的温度定义是一种人为的，比较省事的方法，即将冰的熔点规定为 0 度，然后在 0 度和水的沸点温度之间，按照水银的膨胀比例等分成 100 份。而汤姆森的定义则是更加直接的，以热的本性为基础做出的，他将之称为"绝对温度"。关于汤姆森的绝对温度，我们后面将会讲到。

汤姆森认为，"卡诺定理"是热理论中不可或缺的一部分，因此他并没有像焦耳一样直接否定卡诺的理论。汤姆森曾说："如果抛弃卡诺的发现，我们将遇到无数的困难，而且恐怕只有在更多实验的基础上建立全新的热理论，才能够克服这些困难。"然而，用热来做功为什么需要低温物体呢？这个问题也让汤姆森感到困扰不已。而且，如果说热不是物质而是能量，那么都用不着焦耳来批判，卡诺在《论火的动力》中的论证就已经错了，这让汤姆森陷入了两难境地。

关于这个问题，德国学者克劳修斯（Rudolf Julius Emanuel Clausius，1822—1888）提出了一个解决方案。困扰汤姆森的问题有两个，即为什么不能只用高温物体获得动力，以及这一热的奇妙性质如何才能不与能量守恒定律发生矛盾。为此，克劳修斯提出了一种新的理论，即对于热的这一奇妙性质先予以全盘接受，并没有什么"为什么"，因为这就是热的本性。这样一来，这一新理论不但与能量守恒定律没有任何矛盾，而且还能与之相互补充，对于以错误的前提推导出的"卡诺定理"，克劳修斯用他的新理论也能够原原本本地推导出来。就这样，克劳修斯通过他天才般的洞察力解决了汤姆森的困扰。

克劳修斯提出了如下两条基本定律，并在其基础上建立了热力学体系。这里用了"热力学"这个词，它是一种与物体和物质热性质无关的，对于任何由热参与的现象普遍成立的一般理论体系。

克劳修斯对于他的两条定律是这样阐述的：

一、功可以转换成热，热也可以转换成功，其中一方的量与另一方的量恒成比例。

二、不可能在不引起其他变化的前提下，使热从低温物体向高温物体转移。

其中第一定律相当于迈尔–亥姆霍兹–焦耳的能量守恒定律，这里所说的"成比例"，意思是这一比例是一个常数，而这个常数显然就是焦耳的热功当量。当然，如果用同一单位来测量"功"和"热量"，那么"成比例"就可以替换成"相等"。

在这两条定律中出现了"功""热"以及它们的量，还有"高温""低温"等术语，对于这些术语我们在此不做定义，大家按照自己的常识来理解即可。不过，后面我们在推导一些结论的时候会用到卡诺的"可逆热机"模型，因此大家需要理解"**一点一点**的过程"的定义。关于这一点，请参见第 101 页的注释，凡是符合这一定义的过程都是可逆的。

克劳修斯的第二定律还可以换一种方法来表述：

二′、不存在任何热机，能够利用循环过程从一个物体中取出热并将其转换成当量的功。

这一表述与原本的克劳修斯第二定律是等价的[15]，这一点我们通过可逆热机的定义就可以证明。在这一表述中清楚地提到了"**一个物体**"，换句话说，就是指"在没有另一个温度更低的物体的情况下"，这正是卡诺论证的前提，也是汤姆森所无法回答的那个"为什么"。

那么，如何通过克劳修斯的两条定律原原本本地推导出卡诺定理呢？前面我们讲过，卡诺的论证是以热质说为基础的，并没有想到热是一种能量，因此其中确实包含焦耳所指出的错误。那么，具体来说，到底是哪一点出错了呢？

在卡诺的理论中，从热源所吸收的热质，像水力机器中的水一样，不多不少原原本本地被搬运到了冷却器中。热质这一观点原本是化学家所提出的，他们认为热也是一种元素，因此和其他化学元素一样，是不生不灭的，卡诺在《论火的动力》中也继承了这一观点。不过，如果热是一种能量，那么在搬运的过程中一旦做了功，能量就会相应地减少，因此最终到达冷却器的热量也就减少了。

请大家回想一下卡诺证明不存在超级热机的方法，即先假设存在超级热机，于是推导出可以凭空做功的永动机。如果我们仔细研究卡诺的证明方法，就会发现其中实际上隐含了"热质的量在从热源搬运到冷却器的过程中没有变化"这一条件。因此，焦耳无法接受卡诺的这一证明方法。

尽管如此，如果我们接受克劳修斯的第二定律，那么"不存在超级热机"这一卡诺的结论就可以原原本本地成立。克劳修斯的证明方法如下。

---

15. 即内容是相同的。

首先假设存在能够超越卡诺热机的超级热机，正如我们之前所描述的，超级热机在从热源吸收相同热量的情况下，可以比卡诺热机做更多的功。那么反过来说，在与卡诺热机做相同的功的情况下，超级热机需要吸收更少的热量。因此，与卡诺热机相比，在做相同的功的情况下，超能热机中从热源向冷却器转移的热量更少。

接下来，像卡诺在《论火的动力》中所采用的方法一样，我们先让超级热机正向运转，并将其所做的功储存起来。然后，我们用卡诺热机替换超级热机与热源和冷却器相连接，并用刚才储存的全部的功使卡诺热机逆向运转。于是，热从冷却器逆流回热源，但出于之前所说的原因，逆流的热量要比一开始由超级热机所搬运的热量多。因此，如果将正向和逆向转移的热量相减，结果就是一部分热量从冷却器转移到了热源。

而且，此时超级热机所产生的功已经全部用于卡诺热机的逆向运转，没有剩余的功了。因此，从结果上看，就相当于"在没有引起其他变化的情况下，使热从低温物体转移到了高温物体"，这显然是违背第二定律的，所以如果认同第二定律，就必须否定超级热机。

上述克劳修斯的证明方法与卡诺的证明方法有什么区别呢？我们来简单比较一下。首先，在卡诺的错误证明中，如果存在超级热机，就意味着出现了凭空做功的永动机，而在克劳修斯的证明中，如果存在超级热机，就意味着出现了违背第二定律的机器。凭空做功的机器显然违背了能量守恒定律，也就是违背了克劳修斯的第一定律，但克劳修斯的证明中所出现的机器，虽然违背了第二定律，却没有违背第一定律。因此从这一点上说，这种机器并不是通常意义上的永动机。

然而，如果存在违背第二定律的机器，那么只要把大洋的水温降低 1 度，就可以产生近乎无限的功，因此这也是一种不逊于永动机的梦幻般的机器。于是，人们将这种机器称为"第二类永动机"，相对地，将传统的永动机称为"第一类永动机"。

这样一来，卡诺在《论火的动力》中所推出的结论，即"热的动力与提取它所使用的工质无关，它的量只取决于热质最终发生转移的两个物体的温度"依然得以成立。可以说，是克劳修斯拯救了割舍不下这一结论的汤姆森。

热定律的数学化

如果说问题就这样解决了，恐怕还早了一点，因为用数学的语言来描述自然规律这一物理学的特性还没有得到满足。我们在第一章中已经学习了开普勒、伽利略、牛顿等人所做的努力，从中我们可以发现，物理学的力量就是能够从少量的基本定律出发，准确地预测出诸多现象。而要发挥这一力量，就必须使用数学的语言。第一章中我们介绍过伽利略的名言："自然之书是用数学的语言写成的"，因此克劳修斯和汤姆森还剩下一个任务没有完成，那就是发现热的自然规律背后的数学语言。

请大家回忆一下牛顿的工作。牛顿发现了运动的自然规律背后的数学语言，并据此将天地两界的规律统一成了一个体系。同样，如果我们可以将热的自然规律数学化，那么不仅可以统一热机这一个领域，而是可以统一包括所有热过程在内的广阔领域。接下来我们就来讲讲这个话题。

从数学化的角度来说，第一定律没有什么问题。刚才我们讲过，在克劳修斯的表述中，"其中一方的量与另一方的量恒成比例"，这已经相当于是数学语言了。然而，第二定律的数学化一看就没那么容易。"不引起任何变化""不可能转移"这样的表述，到底应该如何转换成数学公式呢？

当然，第二定律的数学化也并不是完全没有方法，其中的关键在于克劳修斯由这两条定律推导出的卡诺定理，即热机的最大效率只取决于热源和冷却器的温度，这一结论是蕴含着数学内容的。也就是说，"效率只取决于热源和冷却器的温度"这句话，如果用数学语言来表述，就是"效率是一个仅关于热源温度和冷却器温度的函数"。那么现在的问题就是，效率到底是关于这两个温度的一个怎样的函数呢？只要确定了这个函数，我们就得到了一个用数学表述第二定律的重要线索。

下面，我们分两步来确定效率是关于这两个温度的一个怎样的函数。第一步是先进行实验。我们无法实际制造出一台卡诺热机来进行实验，但我们可以通过实验来测量气体和蒸汽在等温或绝热状态下膨胀、收缩时，其体积、压强和温度之间的关系。通过这些数据，我们可以计算出卡诺热机中活塞的运动能够做多少功。此外，气体和蒸汽以及它们所凝结后的液体的比热，以及蒸发所需的热量等数据，也可以通过实验来得到，这样一来，我们就可以具体计算出卡诺热机从热源吸收的热量，或者向冷却器释放的热量。通过上述两个计算结果，我们就可以使用各种工质来计算出效率。

第一步的计算所得到的温度和效率的关系到底是怎样一个函数，想必大家都很想知道，我们留到后面再讲，这一步的重点其实是验证这一关系是否像卡诺定理所说的那样，与工质的种类无关。通过实验来验证卡诺定理是否成立，从 "以观察事实为依据" 的角度来看，这一步具有非常重要的意义。于是，克劳修斯和汤姆森根据克拉佩龙留下的关于各种气体和蒸汽的数据，以及法国实验家勒尼奥所积累的丰富数据，对卡诺定理进行了具体的计算验证，结果当然是没有问题的。

汤姆森根据实验得到的温度和效率的关系，制作了一张摄氏温度和他的绝对温度的换算表，并且将这一换算关系总结成一个经验公式。然而，这一实验性方法还有一个弱点，那就是它还没有从汽缸、活塞、气体、蒸汽等要素中解放出来。但我们根据实验已经基本验证了卡诺定理是正确的，那么现在我们可以以此为前提，以超越这一弱点的方法来求出温度和效率的关系，这就是第二步所要做的工作。

下面我们来看一看第二步。这一步的特点是，我们需要求出卡诺热机中热量、做功和温度三者之间的关系，但必须抛开汽缸、活塞、气体、蒸汽等与机器结构和工质种类等相关的属性，而且还需要抛开膨胀、收缩、变形等要素，只着眼于机器的功能。

这种方法其实在卡诺推导卡诺定理时已经用过了，克劳修斯修正卡诺的证明时也使用了同样的方法。从这个角度上来看，卡诺热机其实就是一种能够减少高温热库的热量，增加低温热库的热量（但增加量小于前者的减少量），并用减少和增加的热量的差值来做功的可逆的循环机器。于是，对于这样一种机器，其热量、做功和温度之间的数学关系，仅取决于第一定律和卡诺定理。按照这一方法，我们就可以在与机器结构等特性无关的情况下确定效率函数，这一结论应该是普遍性的，即可以消除前面所提到的那个弱点。

在正式开始介绍第二步的具体过程之前，我们需要先对 "效率"

下个定义。一般来说，从功能上看，热机的效率如我们在第 104 页中所提到的，指的是高温热库所减少的热量中，有多大比例被用来做功。下面我们会用一点点公式，但不会超过高中的水平，还望大家谅解。刚才所说的效率的定义，写成公式就是：

$$效率 = \frac{输出的功\ W}{高温热库减少的热量\ Q_高} \tag{1}$$

其中热量和功必须用同一单位来表示。现在我们暂时只考虑机器正向运转的情况，也就是高温热库热量减少，低温热库热量增加，同时输出功的情况。

下面我们使用第一定律。根据这一定律，将低温热库增加的热量记为 $Q_低$，则 W 可定义为：

$$输出的功\ W = 高温热库减少的热量\ Q_高 \\ - 低温热库增加的热量\ Q_低 \tag{2}$$

显然，这里 $Q_高$ 和 $Q_低$ 均为正数，而且 $Q_高$ 要大于 $Q_低$，因此 W 也是正数。

求出 W 之后，我们将其代入 (1)，就可以得到效率的基本公式：

$$效率 = 1 - \frac{Q_低}{Q_高} \tag{3}$$

到这里为止我们只用了第一定律，下面我们使用 "卡诺定理"。于是，卡诺热机的效率是一个仅关于高温热库的温度（记为 $t_高$）和低温热库的温度（记为 $t_低$）的函数，因此 $Q_高$ 和 $Q_低$ 之比也是同样的函数，我们可以得到：

$$\frac{Q_{低}}{Q_{高}} = t_{高} \text{ 和 } t_{低} \text{ 的函数 } F(t_{高}, t_{低}) \tag{4}$$

接下来的问题就是如何确定函数 F 的形式，即回答：

$$F(t_{高}, t_{低}) = ?$$

仅根据卡诺热机的功能推导出上述问题答案的过程非常具有教育意义，但这一过程有点过于专业，感觉超出了高中的水平，因此我们把具体过程放在后面的注释里讲，这里只给出答案，即：

$$F(t_{高}, t_{低}) = \frac{f(t_{低})}{f(t_{高})} \tag{5}$$

通过这一答案我们可以看出，原来的二元函数 F 被表达成了一元函数 f。

写给物理学生的注释：

关于 $F(t_{高}, t_{低}) = \dfrac{f(t_{低})}{f(t_{高})}$ 的证明，克劳修斯在他的著作《机械热理论》（*Die mechanische Wärmetheorie*）中进行了阐述，但这一证明完全不像是克劳修斯的风格。下面我们来看一看这一证明的梗概。

首先，他先着眼于 $F(t_{高}, t_{低})$ 与工质无关这一点，假设有一个以理想气体这一特殊物质为工质的卡诺热机。接下来，如第 116 页中所提到的，他进行了具体的计算。于是，当具体计算 $\dfrac{Q_{低}}{Q_{高}}$ 时，他发现其结果等于 $\dfrac{T_{低}}{T_{高}}$，这里 T 为绝对温度。但是，他的方针是仅通过卡诺热机的功能推导出所有的结论，因此这一证明显然无法满足。于是接下来，他找到了一种可以满足这一方针的证明方法。

和正文中一样，我们将高温热库的温度记为 $t_高$ ，将低温热库的温度记为 $t_低$ ，于是 $t_高$ 的热库热量减少了 $Q_高$ ， $t_低$ 的热库热量增加了 $Q_低$ ，因此下述 (4) 得以成立：

$$\frac{Q_低}{Q_高} = F(t_高, t_低)$$

接下来假设存在第三个热库，其温度为 t_0 ，该温度低于 $t_低$ 。于是，假设有另一个卡诺热机，使得 $t_低$ 的热库热量减少了 $Q_低$ ， t_0 的热库热量增加了 Q_0 ，则下式应成立：

$$\frac{Q_0}{Q_低} = F(t_低, t_0)$$

于是，在第一个卡诺热机运转结束后，再使第二个卡诺热机运转，则 $t_高$ 的热库热量减少了 $Q_高$ ， t_0 的热库热量增加了 Q_0 。如果将两次运转的结果合起来，从功能上说相当于一个卡诺热机在 $t_高$ 的热库和 t_0 的热库间运转，因此下式应成立：

$$\frac{Q_0}{Q_高} = F(t_高, t_0)$$

于是下式：

$$F(t_高, t_0) = F(t_高, t_低) \cdot F(t_低, t_0)$$

或者下式：

$$F(t_高, t_低) = \frac{F(t_高, t_0)}{F(t_低, t_0)}$$

均成立，这里 t_0 只要满足 $t_0 < t_低$ 可取任意值，我们将其记

为 $\bar{t}_0$ ，则 t 的函数 $f(t)$ 可定义为：

$$F(t, \bar{t}_0) = \frac{1}{f(t)}$$

结果就相当于：

$$F(t_高, t_低) = \frac{f(t_低)}{f(t_高)}$$

证明完毕（这里 $\bar{t}_0$ 的取值会改变 $f(t)$ 的值，但我们可以看出，这只是改变了一个常数系数而已）。

　　至于这一证明到底是谁做出的，我们现在已经不得而知，但我从理研借来的克劳修斯的上述著作中，这一证明是用铅笔写在克劳修斯给证明留出的空白部分中的。这本书原本是理研所购买的德国数学家和物理学家卡尔·龙格的藏书，而且这部分铅笔的内容是用德语写的，由此可见，龙格有可能就是这一证明的始作俑者。

　　其实，仅根据卡诺热机的功能，是无法进一步确定温度 t 的函数 $f(t)$ 的形式的，但这并不意味着这一思路是不完整的，而是理所当然的结果。因为我们的出发点是第一定律，它是与温度无关的，而且推导卡诺定理的另一个基础，即第二定律所讨论的只是温度的高低，而与其标定值无关。因此，基于上述前提，卡诺定理也只是说"取决于温度"，而并没有涉及具体的标定值。此外，我们在论证过程中也没有定义温度 t 到底是摄氏温度、华氏温度，或者是其他什么温度，因此函数 f 的形式当然是无法确定的。我们只能说，热源和冷却器的温差越大，热机的效率越高，因此 $f(t)$ 应该是一个增函数[16]。

---

16. 即自变量增大时，值也随之增大的函数。

如果这就是函数 f 不确定的原因，那么我们就可以利用这一不确定性，将 (5) 写成最简单的形式，换句话说，就是以使得 (5) 最简为目标来标定温度。此时，最自然的一种做法就是用函数 f 的值直接表示温度，即：

$$T = f(t) \tag{6}$$

其中我们可以认为 T 就是温度[17]。这个方法非常直白，因为用自变量直接作为函数 $f(t)$ 的值自然满足增函数的性质。这样，无论一开始测量的温度 t 是摄氏还是华氏，等式 (6) 就是温度 t 与新温度 T 之间的换算公式。顺便说一句，这个 T 实际上就是汤姆森的绝对温度。通过引入绝对温度，(4) 可以写成：

$$\frac{Q_{低}}{Q_{高}} = \frac{T_{低}}{T_{高}} \tag{7}$$

由此可得效率为：

$$效率 = \frac{T_{高} - T_{低}}{T_{高}} \tag{8}$$

这就是卡诺定理中 "仅取决于两个物体的温度" 的数学表达。到这里为止，卡诺所遗留的所有问题都已经被完全解决了。

关于绝对温度，需要指出非常重要的一点。通过 (8) 我们可以看出，当 $T_{低}$ 为 0 时效率可达到 1，因此当冷却器为绝对 0 度时，从高温热库吸收的热量就被全部用来做功。于是，"0 度" 的定义可以不

---

17. 正如我们在第 121 页中所提到的，在这里加上一个常数 c，即写成 $T = cf(t)$，对于 (5) 的结果是不产生任何影响的，因此 T 依然无法确定温标的间隔。

再依赖冰的熔点这一人为的标准，而是可以按照汤姆森的设想，通过"0 度是效率为 1 时冷却器的温度"这一热和功之间的普遍关系来确定。不过，正如前面的注释中所提到的，这里温标的间隔依然是任意的，但这也意味着大自然没有对温标的间隔进行任何限制，因此可以由人类自行确定，在这一点上，汤姆森采用了将水的沸点和冰点之间等分成 100 份的摄氏温标。于是，根据基于勒尼奥等实验家的数据得到的经验公式，可以得到汤姆森的绝对温度 T 与摄氏温度 t 之间的转换公式近似为：

$$T = f(t) = t + 273$$

相信很多读者应该都对这一公式非常熟悉。顺便提一句，尽管这一温标是由汤姆森提出的，但我们却经常说多少多少开尔文（K），这个名字是来自汤姆森后来受封的爵位开尔文勋爵（Lord Kelvin）。

从卡诺发表《论火的动力》，到卡诺定理得到数学的表达，其中经过了 20 多年的时间。当我们重新翻阅卡诺的论文，就会发现从开头的"……在热机的改良上，是否存在一个无论通过任何手段都无法超越的由事物的本性所决定的极限？……"到最终推导出卡诺定理，在这个过程中埋下了很多颗种子。经过 20 多年之后，这些种子开始发芽，卡诺所提出的"事物的本性"沉淀成为克劳修斯的两条定律，而"由事物的本性所决定的极限"，具体来说就是公式 (8)。

既然卡诺定理有了数学的表达，那么接下来我们就该以此为线索进行第二定律本身的数学化了。在第二章第 2 节中我们曾经提到过的"熵"的概念，也正是在这一过程中诞生的。

在正式开始之前，我们先把 (7) 改写成下面的形式：

$$\frac{Q_高}{T_高} - \frac{Q_低}{T_低} = 0 \tag{9}$$

上式 (9) 的关系对于卡诺的理想热机是成立的，但为了进一步讨论，我们需要知道对于比理想热机更低效的现实中的热机成立的，相当于 (9) 的关系式是怎样的。

首先，我们将这种比卡诺热机低效的热机命名为 "低效热机"。与低效热机相关的热量、功和效率，我们用带撇（ ′ ）的字母来表示，但是，高温热库与低温热库的温度，与相应的卡诺热机中的温度是相同的。不带撇的热量、功和效率代表与卡诺热机相关的量。

我们之前所示的 (3) 是从第一定律和效率的定义推导出来的，因此无论是不是卡诺热机，这一公式都成立。那么，对于低效热机，下式同样成立：

$$效率' = 1 - \frac{Q_低{}'}{Q_高{}'} \tag{3'}$$

我们在这里讨论的是低效热机，因此 (3′) 的右边应该小于 (3) 的右边，即：

$$\frac{Q_低{}'}{Q_高{}'} > \frac{Q_低}{Q_高}$$

将 (7) 代入上式可得：

$$\frac{Q_低{}'}{Q_高{}'} > \frac{T_低}{T_高} \tag{7'}$$

或者也可以改写为以下形式（注意这里 Q 为正数）：

$$\frac{Q_{高}{}'}{T_{高}} - \frac{Q_{低}{}'}{T_{低}} < 0 \tag{9'}$$

上式就是我们要求的关系式，此时：

$$效率' < \frac{T_{高} - T_{低}}{T_{高}} \tag{8'}$$

对于我们之前设想过的超级热机，也可以推导出与 (3), (7), (9) 相对应的公式。与超级热机相关的量，我们用带两撇（〞）的字母来表示，于是 (3) 对应：

$$效率'' = 1 - \frac{Q_{低}{}''}{Q_{高}{}''} \tag{3''}$$

(7) 对应：

$$\frac{Q_{低}{}''}{Q_{高}{}''} < \frac{T_{低}}{T_{高}} \tag{7''}$$

(9) 对应：

$$\frac{Q_{高}{}''}{T_{高}} - \frac{Q_{低}{}''}{T_{低}} > 0 \tag{9''}$$

此时：

$$效率'' > \frac{T_{高} - T_{低}}{T_{高}} \tag{8''}$$

此外，请大家回忆一下，相当于第一定律数学化的 (2) 的关系，对于上述低效热机和超级热机均成立，即：

$$W' = Q_{高}' - Q_{低}' \tag{2'}$$

$$W'' = Q_{高}'' - Q_{低}'' \tag{2''}$$

上面我们得到了所有必需的关系式，但我们只考虑了三种热机正向运转的情况，对于逆向运转的情况——假设逆向运转是可能的——我们只要将 (1) 和 (2) 中的 "减少" 换成 "增加"，将 "输出功" 换成 "输入功" 即可。或者，我们也可以约定允许 Q 和 W 为负值，即正向运转时为正，逆向运转时为负。

根据上述约定，(3), (3'), (3'') 以及 (7), (7'), (7'') 在逆向运转时也可以直接成立，(9) 也可以直接成立。但是，(9) 和 (9') 却不行，需要把不等号的方向调换一下（注意此时 Q 为负数），即将 (9') 改写为：

$$\frac{Q_{高}'}{T_{高}} - \frac{Q_{低}'}{T_{低}} > 0 \quad （逆向运转时） \tag{$\overline{9}'$}$$

将 (9'') 改写为：

$$\frac{Q_{高}''}{T_{高}} - \frac{Q_{低}''}{T_{低}} < 0 \quad （逆向运转时） \tag{$\overline{9}''$}$$

相对地，卡诺热机则满足：

$$\frac{Q_{高}}{T_{高}} - \frac{Q_{低}}{T_{低}} = 0 \quad （无论正向或逆向运转） \tag{$\overline{9}$}$$

现在我们已经有了所有必需的关系式，下面我们来尝试一下从数学上重现克劳修斯对 "不存在效率超过卡诺热机的超级热机" 的证明。根据 (9″) 和 (2″)，当正向运转时，下式成立：

$$\frac{Q_{高}''}{T_{高}} - \frac{Q_{高}'' - W''}{T_{低}} > 0 \tag{A}$$

此时热源减少的热量为 $Q_{高}''$。另一方面，当卡诺热机逆向运转时，根据 $\overline{(9)}$ 和 (2)，下式成立（请大家不要忘记关于符号的约定，即此时 $Q_{高}$ 和 W 都是负数）：

$$\frac{Q_{高}}{T_{高}} - \frac{Q_{高} - W}{T_{低}} = 0 \tag{B}$$

接下来，我们用超级热机所 "输出" 的功 W'' 使卡诺热机进行逆向运转，则有：

$$W = -W''$$

因此，高温热库所减少的热量 $Q_{高}$ 应满足：

$$\frac{Q_{高}}{T_{高}} - \frac{Q_{高} + W''}{T_{低}} = 0 \tag{C}$$

于是，如果我们先让超级热机正向运转，然后再让卡诺热机逆向运转，则高温热库所减少的净热量应为满足 (A) 的 $Q_{高}''$ 与满足 (C) 的 $Q_{高}$ 之和。根据 (A) 和 (C) 可得：

$$(Q_{高}'' + Q_{高}) \left(\frac{1}{T_{高}} - \frac{1}{T_{低}} \right) > 0$$

由此可得：

$$Q_{高}'' + Q_{高} < 0 \qquad\qquad \text{(D)}$$

也就是说，高温热库减少了负的热量，这也就意味着高温热库的热量增加了。此时，我们无需计算低温热库是否减少了等量的热量，结果就已经很明确了。因为热从低温热库转移到了高温热库，所有输出的功也都已经全部输入回去了，而且此时还必须满足第一定律。这相当于在没有引起任何变化的情况下，使热从低温热库转移到了高温热库，那么如果存在超级热机，就一定违背第二定律，因此超级热机是不存在的。以上就是克劳修斯的证明过程。

如果对 (9) 和 $(\overline{9}')$，以及 (2) 和 $(2')$ 按同样的过程进行推导，就可以证明 "低效热机是不可逆的"。我们在第二章第 3 节中介绍卡诺的《论火的动力》时曾经提到过低效热机是不可逆的这一事实，但当时我们给出的依据是由温差引起的热的转移是不可能**近似**逆向发生的。然而这里的证明则是通过数学公式推导出，如果低效热机是可逆的，就一定违背第二定律。关于这一证明的过程，大家可以作为练习题自己尝试一下。

通过上述这些证明的数学过程，我们可以看出，超级热机正向运转时的不等式 $(9'')$，以及低效热机逆向运转时的不等式 $(\overline{9}')$，都是违背第二定律的罪魁祸首。因此，我们必须否定这些不等式。但其他的不等式 $(9')$ 和 $(\overline{9}'')$ 是不违背第二定律的，而且等式 (9) 和 $(\overline{9})$ 也当然是没有问题的。于是，我们得到下面这个有趣的结论：

"在循环过程中，当高温和低温两个热库间转移的热量满足不等式

$$\frac{Q_高}{T_高} - \frac{Q_低}{T_低} > 0 \tag{E}$$

时，就会违背第二定律。"

反过来说，上述结论还可以这样表述：在循环过程中，高温和低温两个热库间转移的热量必须满足以下不等式

$$\frac{Q_高}{T_高} - \frac{Q_低}{T_低} \leqq 0 \tag{F}$$

于是，我们在"使用两个热库的循环过程"这一限定的范围内，得到了第二定律的数学表达，一言以蔽之，就是"必须满足不等式 (F)"。

现在我们已经用数学语言来描述了这一定律，在刚才所说的限定范围内，这一表达与第二定律是等价的。因为正如我们刚才所提到的，如果 (E) 成立，则违背第二定律，但 (9), (9′), ($\overline{9}″$) 的存在则与第二定律并不抵触。此外，在后面的注释中我们将会讲到，由 (F) 是可以直接推导出第二定律的，而且其过程惊人地简单。

到这里，我们已经可以不需要以文字表述的第二定律作为理论基础了，而是重新建立了一个以 (F) 为基础的数学体系，这意味着我们已经实现了"数学化"这一目标。

写给物理学生的注释：

将理论数学化，用形如 (F) 这样的公式来表述定律，提高了物理学发展的效率，这个例子很好地体现了这一点，不过因为感觉有点烦琐，所以还是放在注释里吧。下面我们从能够根据 (F) 简单推导出的一些结论中，选取了几个具有代表性的例子。

首先，我们思考一下 (F) 为等号的情况，即：

$$\frac{Q_高}{T_高} - \frac{Q_低}{T_低} = 0 \qquad (\mathbf{F}_1)$$

其中，我们先来看当 $Q_高$ 为某个正数时满足上式的情况。在这个情况下，很明显 $Q_低$ 也为正，且根据 (2) 可知 W 也为正，因此这是正向运转对外做功的情况。此外，如果当 $Q_高$ 和 $Q_低$ 均为正时 $(\mathbf{F}_1)$ 成立，则显然上式对于 $-Q_高$ 和 $-Q_低$ 也成立。此时 W 也为负，代表逆向运转过程，而 $(\mathbf{F}_1)$ 对此成立意味着我们所设想的机器是可逆的。此外，用 $(\mathbf{F}_1)$ 改写效率的定义式 (3) 可得到 (8)，即可以推导出卡诺定理。

接下来看 (F) 为不等号的情况，即：

$$\frac{Q_高}{T_高} - \frac{Q_低}{T_低} < 0 \qquad (\mathbf{F}_2)$$

在这个情况下，如果 $(\mathbf{F}_2)$ 对于某一组 $Q_高$ 和 $Q_低$ 成立，则对于 $-Q_高$ 和 $-Q_低$ 需要调换不等号的方向，因此 $(\mathbf{F}_2)$ 对它们不成立，即这种情况下的机器是不可逆的。

满足 (F) 的机器可按照 W 的正负分为两类，其中当 W 为正时机器正向运转对外做功，如果计算其效率应小于 (8)，因此这是一个低效热机；当 W 为负时外部对机器做功使机器逆向运转，但由于这是一个不可逆的机器，因此不存在可使这一过程近似逆向发生的正向机器。

在低效热机中有一种最低效的热机，即 $Q_高$ 为正且 W 为 0 的情况。此时，根据 $(2')$ 可得：

$$Q_高{}' = Q_低{}'$$

于是，对于正的 $Q_高{}'$ 下式一定成立：

$$Q_\text{高}{'}\left(\frac{1}{T_\text{高}} - \frac{1}{T_\text{低}}\right) < 0 \qquad\qquad (G)$$

因此 (F_2) 也成立。而且，$Q_\text{高}$ 为正且等于 $Q_\text{低}$ 意味着所有的热量都从高温热库白白转移到低温热库，在这个情况下如果将 Q 变为负数，就需要调换 (G) 的不等号方向，显然 (F_2) 不成立。这意味着仅由温差引起的热的转移是不可逆的，也就是推导出了第二定律。

我们再来思考一下 W 为负的机器。其中一种情况是 $Q_\text{高}$ 为负，$Q_\text{低}$ 为正，此时 (F_2) 显然是成立的。W 为负，$Q_\text{高}$ 为负，$Q_\text{低}$ 为正，这意味着外部输入的功全部用于增加高温热库和低温热库的热量，具体来说，就是将焦耳实验中所得到的热量分别让两个热库吸收掉，我们暂且称之为焦耳热机。如果将这里的 $Q_\text{高}$ 和 $Q_\text{低}$ 的符号反转，则尽管 W 为正，但却不满足 (F_2)。因此，不可能使焦耳热机逆向运转，让热库的热量直接对外做功。此外，W 为负的机器中也包含超级热机逆向运转的情况，这种情况就留给大家作为练习题吧。

看了上面几个例子，大家有没有发现，一旦我们得到数学化的形式 (F)，无需复杂的推导，仅通过对 (F) 进行一些数学操作，我们就能够直接且准确地推出各种相关结论。特别是由第二定律推导 (F) 时我们用了一些很烦琐的方法，但一旦得到 (F) 之后，就可以十分简洁地反推出第二定律。实际上，将用文字表达的定律转换成数学公式，这个过程中需要天才的洞察力和想象力，以及过硬的学识和不懈的努力，其中最重要的莫过于支撑所有这些工作的强烈的探索欲望。然而，一旦完成了数学化之后，一般人也可以高效、准确地继续完成后面的工作了。这就是数学化的力量，同时也是物理学的特征。

故事到这里还是没有结束，因为我们之前的数学化还只停留在限定的范围内，还需要继续进行推广。在这个推广的过程中，我们会涉及之前提到过的"熵"的概念,而且还需要比之前更加高等的数学,因此关于这一话题我们只能浅尝辄止。不过,在数学化范围的推广过程中,还是有一些话题是可以用比较初等的数学来解释的,那就是将高温和低温两个热库推广到广义的多个热库的过程。我们暂且不管这样的热机是否实用,通过上面的过程,熵的概念就会自然而然地浮现出来。

熵的概念的诞生

我们先来看一下我们刚才得出的关系式 (F)。这个关系式表示高温和低温两个热库之间转移的热量应满足的关系,且当热的转移以循环方式进行时,无论具体过程如何,这一关系永远成立,这是热的本性的一种体现。请注意,在这个关系式中我们在代表热量的变量 Q 后面加上了"高""低"这样的下标,这说明尽管高温物体的热量和低温物体的热量都是热量,但它们具备某种不同的性质。克劳修斯注意到了这一事实,为了简略地进行描述,他使用了"高温的热""低温的热"或者"温度 T 的热",言外之意是热本身是具有温度的。

下面我们来了解一下克劳修斯的理论。首先,我们准备各种温度的热库,然后和卡诺热机一样,将装有工质和活塞的汽缸按任意顺序与这些热库接触和分离,并每次都**一点一点**地重复等温变化和绝热变化过程,这样就实现了在不产生温差的情况下让各种温度的热发生转移,并且最后使工质回到初始状态。于是,我们就得到了一种由卡诺循环推广的可逆循环过程。此外,只要我们故意不满足等温、绝热或者**一点一点**的条件,就可以得到相应的不可逆循环过程。

于是，在循环过程中，设热库的温度为 $T_1, T_2, T_3, \cdots$，则这些热库的热量分别发生了正或负的减少，记为 $Q_1, Q_2, Q_3, \cdots$（请大家回忆一下我们之前关于符号的约定，即 "正的减少" 表示减少，"负的减少" 表示增加 [18]）。然后，克劳修斯证明，下式一定不成立：

$$\frac{Q_1}{T_1} + \frac{Q_2}{T_2} + \frac{Q_3}{T_3} + \cdots > 0 \qquad (\mathrm{E}')$$

而下式：

$$\frac{Q_1}{T_1} + \frac{Q_2}{T_2} + \frac{Q_3}{T_3} + \cdots \leqslant 0 \qquad (\mathrm{F}')$$

或者下式：

$$\frac{Q_1}{T_1} + \frac{Q_2}{T_2} + \frac{Q_3}{T_3} + \cdots = 0 \qquad (\mathrm{F_1}')$$

$$\frac{Q_1}{T_1} + \frac{Q_2}{T_2} + \frac{Q_3}{T_3} + \cdots < 0 \qquad (\mathrm{F_2}')$$

一定成立。这一证明是在抛开具体的活塞、汽缸、工质的情况下，完全根据功能做出的。克劳修斯在证明中使用了自己所擅长的方法，即证明如果 (E') 成立就会违背第二定律。

上述 (E') 和 (F') 是我们之前的 (E) 和 (F) 的广义形式，在这一形式中，我们也可以和之前一样证明，当 (F') 以等式成立时为可逆过程，以不等式成立时为不可逆过程。证明过程和之前的方法一样，就是用 $-Q$ 来替换 Q。

---

18. 但这一约定和之前的约定也并不完全一致。在第 126 页中我们约定的是高温热库的热量减少时 Q 为正，低温热库的热量增加时 Q 为正，而在这里我们约定所有热库的热量减少时 Q 都为正。

除此之外，我们还可以通过 (F′) 推出各种其他的关系，例如第二定律。但这些推导都是建立在之前的延长线上，在这里不再赘述。而围绕 (F′)，克劳修斯充分发挥了想象力，得出了一个重要的结论，这一结论可谓不能不提。

下面我们来看一看克劳修斯到底得出了怎样的结论。从我们推出的广义形式 (F′) 可以看出，在每次热量转移的过程中，Q 和 T 并不是各自独立的，而是以 $\dfrac{Q}{T}$ 的形式绑定在一起出现的，于是我们可以将 $\dfrac{Q}{T}$ 看成是热库所转移的量。这里我们所说的 "转移了 $\dfrac{Q}{T}$ 的量"，具体意思是指 "当转移了温度 T 的热时，与其看成是转移了热量 Q，不如看成是转移了 Q 除以温度 T 这么多的量"。有了这一想法之后，克劳修斯又发现，抛开工质的膨胀、收缩、比热等物质性的活动之后，我们可以在头脑中对工质内部所发生的现象进行某种描绘。如果用一个比较生硬的词来说的话，就是可以对热的活动进行 "绘景"。

那么克劳修斯的绘景是怎样的呢？在我们刚才所说的过程中，如果 $\dfrac{Q}{T}$ 的量从热库中转移出来，那么显然这个量是转移到了工质中，此时，工质内部就积累了等量的某种东西。反过来说，当 $\dfrac{Q}{T}$ 从工质转移到热库时，那么等量的某种东西就被从工质内部提取了出来。

从这个想法更进一步，克劳修斯认为，当工质的状态相同时，其内部所积累的 "某种东西" 的量也是相同的。他之所以这样想，依据是来自 (F′) 的等式形式。也就是说，根据这一等式，当工质经历一次可逆循环过程回到初始状态时，中间从热库转移的 $\dfrac{Q}{T}$ 的代数和为 0，因此工质内的 "某种东西" 的量经过 "入" 和 "出" 相抵之后，最后又回到了初始的量。而且，无论经过何种可逆循环过程，只要出入相抵回到相同的状态，则其内部所积累的 "某种东西" 的值也是相同的。

如果将克劳修斯的这一理论进一步推广，那么便不限于经过循环过程回到初始状态的情况，而是无论从任何初始状态出发，经过任何过程达到最终状态，只要其状态相同，那么就一定具有相同的积累量，这意味着只要状态确定，那么这个积累量就是确定的，用数学语言来说，就是积累量是状态的函数。因此，状态改变，积累量就会改变，当这一变化过程可逆时，则输入输出的 $\dfrac{Q}{T}$ 的代数和相等。以上就是克劳修斯的结论。

到了这一步，我们就需要为我们刚才所说的 "某种东西" 起个名字了。克劳修斯在对其命名的时候，注意到这种东西和能量具有类似的性质。也就是说，如果这种东西是一种能量的话，那么热库和工质之间发生热能的转移，同时与外部之间发生功的转移，当工质经过循环过程回到初始状态时，输入输出的热量和功的代数和为 0。此时，转移到工质的能量被积累在内部，向外转移时再从之前的积累中提取出来。上述所有过程都满足能量守恒定律，而且在物体内部还储存了 "内能"，它也是状态的函数。从这些点来看，我们所说的 "某种东西" 与能量具有类似的性质，因此我们可以认为在可逆过程中，这个 "某种东西" 是与能量平行守恒的。

这里需要顺便指出一点。从这一观点来看，卡诺热机中 (F_1) 能够成立，是因为从热源转移到机器中的 "某种东西" 又原封不动地被释放到了冷却器中。因此，与卡诺所说的 "热质的量"

相对应的并不是热量，而是这个"某种东西"才对。在这里，用"某种东西"乘以温度 T 就可以得到热量，也就是能量 $-Q$，如果换成是水力机器，则能量等于水量乘以落差，两者是非常类似的。因此我们可以认为，卡诺热机中热源与冷却器之间的温差，类似于水力机器中水的落差。

克劳修斯根据上述"平行性"，仿照"能量"（energy）一词源自希腊语的命名方式，提出将这里的"某种东西"按希腊语的风格命名为"熵"（entropy）。能量一词在希腊语中原本的意思是"力"，而熵一词的原本意思是"变化"。这里的"变化"意味着在热的变化，即从高温向低温的变化，以及从热向功的变化过程中，除了能量的变化 Q 和 W 之外，$\dfrac{Q}{T}$ 的变化也扮演了重要的角色，克劳修斯起初将其称为"变化值"[19]。

于是，将我们刚才所说的"某种东西"命名为"熵"之后，我们的结论就可以这样表述了：工质内部所积累的熵是状态的函数，当状态改变时，内部的熵也随之改变，当该变化可逆时，输入和输出的熵的代数和相等。写成公式就是这样的：

$$\frac{Q_1}{T_1} + \frac{Q_2}{T_2} + \frac{Q_3}{T_3} + \cdots = 最终状态的熵 - 初始状态的熵 \qquad \text{(H)}$$

在上述事实中，正如我们刚才所提到的，如果把熵换成能量也是可以成立的，这是因为它们两者具有非常类似的性质。但是，它们之间也有一个重要的区别，这个区别是解释热所特有的不可逆性的**关键**。

---

19. 德语原文为 Verwandlungswert。

这个区别是什么呢？在我们刚才推导结论的过程中，当一个循环过程结束，工质回到初始状态时，内部的熵也回到初始值，这一事实是我们推导过程的核心。这一事实的本质是在一个循环中所输入和输出的熵的代数和为 0。然而，这一事实仅在满足等式 (F_1') 时成立，也就是说仅在可逆过程中成立，而对于不可逆过程，只满足不等式 (F_2')。那么问题来了，在这种情况下，即使工质回到初始状态，其内部的熵不是也无法回到初始值，而是比初始值要小了吗？

对于这个问题，克劳修斯是这样回答的。在不可逆循环过程中，除了热库与工质之间的热转移之外，在这个过程的某处必然存在温差引起的热的无效转移，以及摩擦产生的热。对于前者来说，在热量没有减少的情况下（因为这些热量没有做功），热的温度从高温移向低温，导致这些热的 $\dfrac{Q}{T}$ 增大，这显然相当于在这里产生了熵[20]。对于后者来说，除了向热库输入的热之外，还产生了焦耳热，因此可以认为，此处产生的热量除以温度也就是产生了熵[21]。因此，在不可逆过程中，之所以 $\dfrac{Q}{T}$ 的代数和为负，是熵增加（即 "负的减少"）的结果，而并不是内部的熵被提取了出来，因此经过一个循环过程之后，内部的熵依然会回到初始值。综上所述，包括不可逆过程在内，熵永远是状态的函数。以上就是克劳修斯的回答。

这一回答如果不用文字而是用公式来表达就变得非常简单了，只需要将克劳修斯的 (F') 改写成以下形式：

$$\frac{Q_1}{T_1} + \frac{Q_2}{T_2} + \frac{Q_3}{T_3} + \cdots + N = 0, \quad N \geqslant 0 \qquad (F'')$$

---

20. 这一观点的理论表达参见第 138 页的注释。
21. 最能明确展示这一点的就是我们在第 131 页中提到的焦耳热机。

在这里我们用 N 表示一般循环过程中所产生的熵，上式中，如果该过程可逆，则 N 为 0，如果该过程不可逆，则 N 为正数，但 N 不能为负数。但是，和之前不同的是，我们在这里并没有关注工质，因此 (F'') 中的 $\dfrac{Q}{T}$ 不是热库所减少的熵，而应该看作是进入工质的熵，这一点需要大家注意。

在这里，N 不能为负，这一点实际上是第二定律的数学表达，换成文字来说的话，就是熵可以比与外界间进出的量变多，但绝不会变少。对于非循环过程的一般情况，我们可以将 (F'') 改写为以下形式：

$$\frac{Q_1}{T_1} + \frac{Q_2}{T_2} + \frac{Q_3}{T_3} + \cdots + N = \text{最终状态的熵} - \text{初始状态的熵} \quad (\mathrm{H}')$$

在上式中，当 N 为 0 时，就是可逆过程的公式 (H)。

写给物理学生的注释：

在这里给钻研过物理的读者出一道题：对于第 131 页中提到的最低效热机，如何求出 N？答案是 $N = Q_{\text{高}}' \left(\dfrac{1}{T_{\text{低}}} - \dfrac{1}{T_{\text{高}}} \right)$。此外，对于第 131 页中提到的焦耳热机，也请大家试着求一下 N。

纯粹从数学上来说，(F') 与 (F'') 完全是等同的。但是，从物理的角度来说，(F') 在公式中完全没有体现工质内部所产生的熵，相对地，(F'') 则通过 N 体现了工质内部所产生的熵，因此后者的内容更加丰富，这也是两个公式的差别所在。换句话说，从物理学的观点来看，(F'') 比 (F') 为我们展现了更丰富的绘景。

与之相关的还有一点需要大家注意。物理学家将定律数学化之后，就可以仅通过数学操作来推导出各种结论，但这并不能保证所得到的数学结论在物理上都具有同等价值的意义。因此，为了验证这一点，在每次进行数学操作之后，都需要从公式回到绘景的世界，重新思考公式的含义。关于这一点，我们稍后还会涉及。由此可见，伟大的数学家并不一定是伟大的物理学家（当然，数学家会说反之也成立）。数学化理论的力量之强大是毋庸置疑的，但与此同时，我们也不能忘记，这一数学化的过程需要的不仅仅是数学的能力，还需要其他各种各样的修炼，比如建立生动的绘景就是其中之一。

好了，闲话到此为止，让我们回归正题。之前我们只讨论了有限个热库的情况，而且我们所定义的热库，是一种在热量进出时温度保持不变的物体，这种物体是不现实的，现实中的物体在有热量进出时必然会发生连续的温度变化。因此，要想将理论从热库这种虚构的东西中解放出来，像 $T_1, T_2, T_3, \cdots$ 这样断续的温度就不够用了。但是，如果我们将像 $T_1, T_2, T_3, \cdots$ 这样断续的温度，换成具有无限小温差的无限多个温度的话，我们的目的就可以达到了。不过，这时我们所使用的数学就超出了高中水平 [22]，因此在本书的范围内就不深入讲解了，下面我们只讲讲结果。

正如我们刚才所提到的，当温度可以连续分割时，"热库"这一特殊的对象也就失去了其必要性和必然性，而是可以将其看成内部具有能量和熵的工质了。因此，我们所要研究的对象，就是由包含这种工质的若干个物体所构成的系统。在这些物体之间所发生的热、功和熵的进出，以及伴随不可逆变化产生的熵的增加，就是热力学这一理

---

22. 此时公式中 $\dfrac{Q}{T}$ 的和需要写成积分形式。

论体系所研究的对象。在这里，这些东西的进出和产生，引起了各个物体内部所积累的某些量的变化，并由此与各个物体的内部状态产生联系，因此热力学也是一种研究物体内部状态变化的理论。

在这里，我们将系统整体的熵定义为系统中各个物体的熵的总和，因此系统整体的熵就是各个物体状态的函数。如果存在由外部进出系统的熵，则系统整体的熵的变化等于由外部进出系统的熵的代数和，加上系统内部所产生的熵。此时，熵只能产生，而绝不会消失。这就是第二定律数学化所得到的最普遍的结论，只不过我们抛开公式仅用文字来表述而已。

关于上述数学规律与热的本性，即热的不可逆性之间的关系，在绝热系统中表现得最为明显。所谓绝热系统，就是指没有与外部的热的进出，即没有熵的进出的系统。此时，我们可以将 (H') 中所有的 $\dfrac{Q}{T}$ 都设为 0，即：

$$\text{最终状态的熵} - \text{初始状态的熵} = N \geqslant 0 \qquad\qquad (\text{H}'')$$

因此，在这样的系统中，熵只能增加，而绝不会减少，系统的状态只能朝熵增加的方向变化，而绝不会逆向变化。这就是对热的本性，即热的不可逆性的最广义的数学表达。当绝热系统的熵达到最大值时，熵就无法继续增加或减少，于是所有的变化就会停止。根据数学化的理论我们可以得出，绝热系统中的熵达到最大值，意味着系统中所有物体的温度都相等。

正是出于上述意义，克劳修斯通过将近十年的努力所得到的数学化的第二定律，也经常被称为"熵增原理"。这里需要注意的是，对于非绝热系统，由于存在由外部进出系统的熵，因此在某些情况下整个系统的熵是可以不增加的，也就是说 (H′) 的右边是可以为负的。

熵增原理的推广

大自然描述热的规律的数学语言终于被人们发现了，这要归功于克劳修斯以其超凡的想象力找出了隐藏在最深处的一个奇妙的关键字——熵。在数学化的帮助下，这一理论不仅适用于热机，而且推广到了广义的热现象。其中，被克劳修斯从两难境地中拯救出来的汤姆森，尽管起步晚于克劳修斯，但一旦投入研究便一发不可收拾。汤姆森不断对热的理论进行充实完善和推广，例如研究热与电磁现象的关系，并揭示了这一数学语言对化学领域中诸多现象的重要性。总之，这一数学语言的发现，使得卡诺提出的热机理论从汽缸和活塞中解放出来，进入了试管和烧杯的世界，并最终进入各种现象的领域。

关于这些领域到底取得了怎样的成果，我们就不深入探讨了，因为要探讨这些内容还需要更多的铺垫。在研究物体运动的力学领域中，动能和势能的总和是守恒的，但仅靠这一原理是无法推动力学的具体发展的，而是需要赋予物体之间相互作用的力的具体形式，例如动能与速度的平方成正比，势能与高度成正比。在热力学中也是一样，仅有熵增原理是无法推导出物质的比热、膨胀系数、导热率等具体特性的。从卡诺到克劳修斯，热力学从诞生到完善都是建立在对物质具体性质的抽象之上的，因此热力学描述的是热的本性，而不是物质的具体热性质，所以每种物质的特性需要通过实验来确定，熵作为状态的函数的具体形式也需要在实验的帮助下确定。对于热现象整体来说，要建立一套具有伽利略所说的论证性的理论体系[23]，我们还需要某种能够从基本定律确定物质热特性的理论。这种理论需要解释我们之前所抛开的具象问题，如热的本质到底是什么，物质内部承载热能的东西是什么，它又是如何活动的。这一理论就是后来的原子论，我们将在下一章进行介绍。

尽管如此，能量守恒定律作为统一各种自然现象的大框架具有重要的意义，同样，熵增原理也包含重要的观点，在克劳修斯和汤姆森的时代，人们就围绕它展开了诸多讨论，直至今日，其中的很多问题依然被人们所关注。

其中之一，是根据热所具有的不可逆性，热一旦转化成机械能，就无法完全还原。在卡诺的理想热机中这一逆向过程是可能的，但我们的世界并不是理想世界。在现实世界中，摩擦力做功会产生热，这些热又会向低温物体转移，当温差完全消失时，热就无法继续做功了。汤姆森将这一现象称为"能量耗散"（energy dissipation），在他的一篇题为《论自然界中机械能耗散的普遍趋势》的论文中阐述了如下结论：

(1) 目前，物质世界中机械能耗散的趋势是普遍存在的。

(2) 无论通过任何物理过程，机械能都不可能完全恢复，而是必然伴随能量的耗散。无论是植物生命，还是有意志支配的动物，任何有机体恐怕都无法改变这一情况。

(3) 从支配物质世界当前所发生的各种作用的自然规律来看，如果不发生什么这一规律所无法解释的未知作用，人类的体质

---

23. 请大家回忆一下第 51 页中提到的伽利略所说的话，即无需逐一进行实验就能够从基本定律出发推导出各种结论，是论证科学最值得欣赏和称赞的一大特征。

也不发生变化的话，那么我们的地球在过去一定时间内一定
是不适宜生存的，在可预见的将来，也一定会再次变得不适
宜生存。

关于其中的 (3) 做一些补充。我们所居住的地球就是一个以太阳
为热源，以大气层外宇宙空间为冷却器的巨大热机，正如第 97 页中卡
诺所说的一样，我们所见到的各种大气现象，都是在这一巨大热机的
汽缸内发生的，而当热源冷却到和宇宙空间相同的温度时，地球也会
成为一片死寂的世界。

那么到底过多长时间之后，地球才会变得不适宜人类居住呢？汤
姆森根据自己提出的这一理论，在论文中给出了一个数字，但当时人
们还完全不知道太阳的能量来源于核反应，汤姆森给出的时间很短，
大约是几千万年，这让当时的人们感到十分震惊。

另一方面，克劳修斯在他提出 "熵" 这个名称的论文最后一节中
也引用了汤姆森的观点，在这一节的结尾，克劳修斯用斜体字写下了
如下两句：

(1) 宇宙的能量是守恒的。
(2) 宇宙的熵将趋于极大值。

对于这样的宇宙终结理论，自然有人提出强烈的反驳。从今天的
观点来看，汤姆森和克劳修斯都在宇宙终结理论上操之过急了。在探
讨宇宙终结之前，物理学还需要探讨很多很多东西，例如宇宙起源于
约 180 亿年前的大爆炸，这一点恐怕在当时连做梦都想不到。

不过，汤姆森所说的 "任何有机体恐怕都无法改变这一情况" 这

句话很有意思。也就是说，有一种观点认为生物会将耗散的能量聚集在体内并转化为机械能，就连认为能量守恒定律同时适用于物质界和生物界的亥姆霍兹，对这一观点也持保留态度。

事实上，据说亥姆霍兹据说验证过动物体内产生的热量，与在热量计中燃烧饲料所产生的热量是一致的，因此他可以算是研究食物热量的营养学先驱。另一方面，关于生物体内到底有没有发生能量的聚集，或者用克劳修斯的话来说，生物体内到底有没有发生熵的减少，当代学者中观点比较具有代表性的，是以提出波动力学而闻名的薛定谔（Erwin Schrödinger，1887—1961）。

薛定谔在 1944 年出版的著作《生命是什么》中提出，生物为了维持生命必须从外界摄取热量，不仅如此，生物还需要摄取 "负熵"。也就是说，生物体也无法违背熵增原理，因此如果不从外部摄取负熵的话，体内的熵持续增加，当接近极大值时其体内的各种变化都会趋于停止，也就无法继续维持生命了。不过，薛定谔提出的这一观点，早在其著作出版的大约 60 年前，就已经由统一热力学和原子论的玻尔兹曼阐述过了。

既然我们的话题已经进入了 20 世纪，那么就顺便提一下热力学最近的发展吧。最近对于热力学所进行的完善和发展，在克劳修斯和汤姆森的时代是难以想象的。汤姆森已经将热力学的适用范围推广到了几乎所有的现象，但这里所讨论的只是物体和物体之间能量和熵的进出和产生过程中，物体的状态朝什么方向变化，以及到什么状态时停止变化达到平衡的问题，但却无法从时间尺度来研究状态变化，且大多限于封闭系统相关的问题，因此无法很好地解释薛定谔所提出的摄取负熵的情况。

　　然而，在某种条件下，运用现在经过完善的理论体系，我们不仅可以对有限个物体的集合，还可以对包含生物体在内的连续介质内部所发生的热能和熵的流动和产生，以及随之发生的内部温度的变化等，以空间和时间的尺度来进行研究。其中，如果这一连续介质是气体或液体，那么我们可以将上述热力学诸量的流动与物质本身的流动统一起来进行数学操作，而且即使在介质内部发生化学变化也没有问题。于是，我们就不需要将问题限定在封闭体系中了，无论是存在热和熵的进出的体系，还是存在物质进出的体系，都可以作为理论所研究的对象，热力学所能够研究的问题也就变得愈发多样了。因此，我们可以期待，对于生物体来说，除了薛定谔所提出的这种宏观的问题之外，热力学理论也可以用于解释生物体内所发生的各种微观现象。

　　即便我们不去挖掘得如此深入，就说 "熵绝不会减少" 这一看似单纯的原理，却包含了十分重要的意义。无论说减少也好，增加也好，其实这其中都隐含了时间的先后关系。对于这一点，即便不去特意表述，任何人都能够理解，我们所说的增加或减少是以从过去向未来流动的时间为基准的。这样一想的话，热力学的这一原理说的是无法沿时间向前回溯的自然现象，与此同时，也许它真正要说的是从过去到现在到未来不断向前流动的 "时间"，这一我们随时都能够感知到的，却十分不可思议的东西。

　　热力学是起源于蒸汽机这一技术上的发明，这一点是技术为科学带来新发展的一个很好的例子。通过前面的介绍我们可以看出，这一科学的新发展不仅能够根据技术需求对机器进行有效的改良，而且远远超出了技术问题的范畴，拓展到物理学的各个领域，甚至是化学、生物学、宇宙理论等领域。在瓦特的发明所处的时代，谁又能预料到这样的结果呢？

以蒸汽机这一技术上的发明为契机，人们发现了关于热的本性的自然规律，关于这其中的来龙去脉我们已经差不多介绍完了。不过，在技术与物理学的关系方面，到了 19 世纪下半叶，反而出现了很多物理学催生出新技术的例子。例如，法拉第（Michael Faraday，1791—1867）发现电磁感应，西门子（Ernst Werner von Siemens，1816—1892）据此发明了直流发电机；而麦克斯韦（James Clerk Maxwell，1831—1879）的电磁场方程组也与马可尼（Guglielmo Marchese Marconi，1874—1937）的无线电报有着密切的联系。

进入 20 世纪之后，这样的例子就更多了，例如半导体研究催生出晶体管，铀核裂变的发现催生出核能技术。而且，进入 20 世纪之后，从物理学到新技术的距离得到了显著缩短。例如，从法拉第到西门子经过了 35 年的时间，而从麦克斯韦到马可尼也经过了 25 年，但晶体管的发明几乎从一开始就是物理学与电气工程学紧密联系的产物，而从核裂变的发现到制造出原子弹只花了五年，当然这其中有世界大战这一特殊形势的影响。

现在，之所以科学与技术经常被认为是同一种东西，是因为两者之间的距离已经显著缩短。20 世纪所出现的这一新趋势，无论是好是坏，都使得人们对科学与技术之间的关系有了新的理解。

不过在此之前，我们还是暂且从技术回归到物理学本身的话题上来，看一看 19 世纪下半叶的物理学发展。

第三章

1. 近代原子论的建立

19世纪下半叶，物理学终于迈入了原子的世界。在第二章中我们已经讲过，关于热的自然规律，我们已经以能量守恒定律和熵增原理为基础建立了一整套体系，但正如我们在第141页中所提到的，仅靠这些理论无法推导出每种物质具体的热特性，而是要依靠实验才能确定。伽利略曾经说过，无需逐一进行实验就能够从基本定律出发推导出各种结论，是论证科学的一大特征。从这一点上来看，我们不得不说，热力学理论距离理想的形态还差得很远。

物理学家之所以要涉足原子的世界，是因为他们发现仅将热看作一种能量的形态是无法解决问题的。具体来说，物理学家希望通过将热能看作原子运动所产生的机械能来弥补热力学的缺陷。

我们在第108页中提到，认为热是物体内部存在的无法察觉的运动，这一观点正是由热能说的倡导者伦福德伯爵所提出的。此外，尽管卡诺在撰写《论火的动力》时采用了热质说，但与此同时他也对热运动理论颇有兴趣。不过，当时支持热运动理论的学者，还没有发现原子就是热运动的载体。

如果往前追溯的话，其实伽利略也曾经提出过类似的观点。伽利略认为，让我们产生热的感觉的是一种高速运动的微粒。从这一观点来看，伽利略从某种意义上似乎是倾向于热运动说的，但他接下来又说，当这种微粒通过我们的身体时，我们便感觉到"热"。从这句话来看，伽利略的观点应该说是一种热质的微粒运动说才对。也就是说，热的载体是热质的微粒，是这些微粒的运动让我们感觉到了热。

然而，到了 19 世纪中叶，亥姆霍兹明确提出热能的载体就是原子。他在关于能量守恒定律的论文中对此进行了阐述，我们用现在的话简单概括一下其中心思想，即：

我们所说的热量，就是原子热运动的动能，以及原子的排列所确定的势能。其中前者对应我们所说的自由热，而后者对应我们所说的潜热。

本章开头我们讲过，物理学开始研究原子是 19 世纪的事，那么提出物质由原子构成的原子论又是什么时候出现的呢？和物理学中几乎所有理论一样，原子论的源头也可以追溯到古希腊时代，这一点大家应该有所耳闻。此外，大家应该还记得，第一章第 5 节中我们曾讲过，17 世纪的波义耳曾写过一本书叫作《怀疑派的化学家》，其中提到将"微粒哲学"作为化学的基础。当时我们说，波义耳所说的微粒和原子有一点区别，除了这一点之外，他提出的将化学建立在微粒哲学基础之上的这一构想，终于在 19 世纪初由道尔顿的原子论得以实现。在这两者之间相差的一个半世纪中，人们一直在以观察事实为依据寻找着肉眼看不见的原子，这些工作需要这么长的时间来完成也是很正常的。

我在介绍物理学的游戏规则时曾经说过"以观察事实为依据探求自然规律"，但我没有说"从观察事实出发"，这是因为我们并不需要从完全的一张白纸开始进行观察和实验，而是通常先提出一个想法，然后通过观察和实验为这一想法寻找依据。例如，开普勒所发现的三定律，是以第谷的观测数据为重要依据的，但开普勒根据数据确定行星的轨道运动时，他的头脑中是先有了一个假设，即无论地球是静止还是运动，我们看起来好像是在巨大的圆形天花板上运动的天体，实际上是在三维宇宙空间里运动的。开普勒正是在这样一幅绘景的引领下探索天体运行的规律的，否则，天文学家的观测数据就和天文馆里的讲解员对着天花板上投射出的天体运动进行讲解一样，无法发挥其应有的价值。

此外，卡诺对于热理论的见解也并不是从实验出发的。正如其论文的题目《论火的动力》所体现的一样，他是从关于热机的若干想法出发，最终推导出"卡诺原理"，后来才由克拉佩龙、克劳修斯和汤姆森通过实验为其理论的正确性进行了背书。

因此，尽管我们是以事实为依据的，但当然也允许在此之前先建立某种假说。特别是原子论，我们需要主张一种肉眼无法直接观察到的东西的存在，这时无论如何都需要先建立这种东西存在的假说，然后以此为前提讨论通过怎样的事实，采用怎样的实验方法能够为其背书。如果观察和实验的结果否定了之前的假说，那么我们应该毫不犹豫地抛弃它或者尝试对其进行改善，这就是我们的规则。

道尔顿的原子论

前面做了这么多铺垫，现在我们可以开始讲讲道尔顿了。道尔顿（John Dalton，1766—1844）生活在英国曼彻斯特，他与瓦特住在同一座城市，但比瓦特小了差不多 30 岁，至于他们之间是否存在什么交集，我并没有去查证过。道尔顿是一位化学家，他所提出的原子论与化学的关系十分密切，但从他关于原子的著作《化学哲学新体系》[1]来看，他为原子论所寻找的依据其实在于物理学——用现在的话说应该叫气体的物性论[2]——之中。

在《化学哲学新体系》中，关于原子假说的章节是这样开头的[3]：

> 物体可分为三类，或三态，哲学化学家对于这点特别注意。这三态是：弹性流体[4]、液体和固体。水是我们所熟悉的一个例子，例如，水是这样一个物体，在某些条件下，能够以三态存在。
>
> 由这些现象可不言而喻地得到一个普遍承认的结论：一切具有可感觉到大小的物体，不管是液体还是固体，都是由极大数目的极其微小的物质质点或原子所构成。他们借一种吸引力相互结合在一起，随着条件不同，这些力有强有弱。

道尔顿将这种吸引力称为结合吸引力（attraction of cohesion）或者亲和力（affinity），除此之外，原子之间还存在一种排斥力，刚才所说的吸引力和这种排斥力相互抗衡，就形成了弹性流体、液体和固体这三种状态。弹性流体中的弹性力（即气体对容器壁所产生的压强）则是这种排斥力的体现，弹性力和体积之间的关系已由波义耳定律得到了正确地推导，因此根据牛顿的理论[5]，排斥力应与原子之间

---

1. 这一开创性的著作发表于 19 世纪初的 1808 年。
2. "物性论"一词是日语特有的，指以量子力学、统计力学为基础，从原子的微观角度研究物质宏观性质的学科。——译者注
3. 摘自《化学哲学新体系》中译本（略有改动），李家玉等译，武汉出版社，1992年。——译者注
4. 指气体。
5. 见于《自然哲学之数学原理》第二部的命题 23，从这一命题来看，牛顿也是持有原子论观点的。

的距离成反比。道尔顿认为，之所以会产生这样的排斥力，是因为原子周围存在热质所形成的屏障，它阻碍了原子相互靠近。道尔顿试图通过这一观点来解释为什么热的进出会使物体产生体积变化。

下面我们再列举一个道尔顿的观点。道尔顿认为，将两种不同的气体装进同一个容器，即便两种气体的比重不同，也可以均匀地混合，而不会像水和油一样产生分层，而混合气体的压强等于其中各气体压强之和（即道尔顿的气体分压定律）。通过这一事实，道尔顿推测在不同种类气体原子之间是不存在排斥力的。

像这样，道尔顿用原子假说的观点，对物体，特别是气体的性质进行了分析，并探讨从中是否能够得到可以证明原子存在的证据。刚才我们介绍的原子间排斥力就是其中一个例子，此外他还试图通过原子的大小来寻找原子存在的证据。

然而，上述这些事实都无法成为原子存在的决定性证据，就在这时，道尔顿将目光转向了化学反应中的"定比定律"。这一定律已经被实验化学家广泛接受，但道尔顿认为，这一定律可以与原子论联系起来。以此为契机，道尔顿开始将观察事物的角度从物性论转移到化学，并通过两种理论的联系推导出"倍比定律"，然后通过实验进行验证，为原子论提供了一个有力的依据。

道尔顿在《化学哲学新体系》中介绍了一个关于氢和氧化合生成水的例子。根据经验，将氢气和氧气以 2:1 的体积混合并燃烧，混合气体就会完全消失并全部变成水。在这一实验中，如果氢气和氧气的体积比不为 2:1，则燃烧后就会剩余一些气体。因此，这一化合反应必须以 2:1 的恒定体积比来进行。如果将这一体积比转换成质量比（方便起见我们设氢的质量为 1），则质量为 1 的氢对应质量为 5.5 的氧，化合后产生质量为 6.5 的水[6]。像这样，在化学反应中各种成分的比例都是恒定的，这就是"定比定律"。

从定比定律背后，道尔顿发现了原子的踪迹，他心中的绘景是，氢气和氧气化合产生水时，氢原子和氧原子结合成了水分子[7]。在这里，道尔顿提出了一种最简单的假说，即假设 1 个氢原子和 1 个氧原子结合成 1 个水分子[8]。于是，由于元素的原子是不可分割的，因此除了水之外的其他氢氧化合物，其分子也必然是只能由 n 个氢原子和 m 个氧原子构成，其中 n 和 m 都是整数。在这些化合物中，氢和氧的质量比为 $1 \times n : 5.5 \times m$，而不可能存在除此情况之外的其他化合物。

综上所述，两种元素所构成的化合物中，其成分的质量比必须为各元素所特有的数值（例如氢和氧为 1 和 5.5）的整数倍之比，这就是"倍比定律"。道尔顿认为，倍比定律是定比定律的推广，也是原子论的必然结果。

在道尔顿的时代，已知的氢氧化合物只有水，但幸运的是，氮氧化合物却已经发现了很多种（用现在的话来说，氮氧化物就是 NO_x），比如亚硝酸气、硝酸气、氧化亚氮等（这些都是道尔顿时代的命名方式）。第一种化合物是 1 个氮原子和 1 个氧原子结合，第二种是 1 个氮原子和 2 个氧原子结合，第三种是 2 个氮原子和 1 个氧原子结合，氮元素的特有数值为 4.2，氧元素则按照刚才说的设为

---

6. 这一 1 : 5.5 的比例是当时电解水所产生的氢气与氧气的质量比。后来，道尔顿提出电解后两种气体中都包含一定量的水蒸气，因此这一比例应改为 1 : 7，现在我们知道这一比例应为 1 : 8。

7. 道尔顿没有区分原子和分子，而是将物质保持其化学性质可分割的最小单位称为原子。此处出于方便起见，采用了现代术语。

8. 道尔顿自己承认这只是一种假设。后面我们将会提到，在《化学哲学新体系》中阐述化合物的构成之后，道尔顿对此进行了说明。

5.5。于是，上述三种化合物的成分质量比就可以用 $4.2 \times n : 5.5 \times m$ 来表示，而道尔顿也通过实验验证了这一点。

在倍比定律中出现了元素特有的数值，也就是说氢的 1、氧的 5.5、氮的 4.2。这些数值具有重要的意义，代表 1 个某种原子和 1 个另一种原子结合时，以氢为基准的原子之间的质量比，因此这些数值正是以氢原子为单位，某种元素 1 个原子的相对质量。原子相对质量简称原子量，尽管是一个相对值，但一旦我们知道了原子的质量，原子论就成为了一种具象的理论，可以说，这时的原子论已经不是一种单纯的空想或思辨的产物了。

这一发现为道尔顿带来了莫大的勇气。他立刻将思路从物性论完全切换到化学，对各种化合物进行了分析，并不断完善自己的倍比定律。通过这些工作，道尔顿确定了各种元素的原子量。另一方面，除道尔顿之外，还有其他化学家通过实验独立发现了倍比定律，道尔顿也在化学家的圈子中交到了很多朋友。

通过总结道尔顿原子论的特质，我们可以对他的工作做如下概括。原子论的对立面是认为均质物体可以无限分割的连续论，原子论认为物体的分割是有限度的，分割到某个程度就无法继续分割下去了。因此在原子论中，原子个数是个整数，这个整数一定发挥着什么重要的作用。然而，我们所能看到的物体所包含的原子数量非常巨大，因此我们无法察觉到这一整数性的存在，但随着倍比定律的发现，这一整数性就像地下矿藏一样终于得以重见天日。的确，所有的物体都是由数量巨大的原子构成，但正如水和氮氧化物一样，多数化合物的分子都是由少量原子构成的，因此整数性体现得比较显著。由这样的分子所构成的物体，即使原子的数量再多，单个分子所具有的整数性都可以在宏观上直接显现出来，使得这一性质能够被道尔顿捕捉到。因此，如果我们的世界上只有高分子化合物的话，也许就连道尔顿的慧眼也无法洞悉原子的奥秘了吧。

当然，道尔顿的理论也是有缺陷的，这一缺陷在于他所做出的水分子是由 1 个氢原子和 1 个氧原子结合而成的假设是错误的。一般来说，道尔顿的理论是建立在下列假设的基础上。

(1) 元素是由不可分割的原子构成的。

(2) 化合物是由各成分元素结合而成的分子构成的。

(3) 如果两种元素只能形成一种化合物，该化合物的分子由每种元素的各 1 个原子结合而成。

对于假设 (3)，道尔顿自己也认为还存在其他的可能性，在《化学哲学新体系》中，道尔顿提到：水也可能是由 2 个氢原子和 1 个氧原子结合而成的，也可能是由 1 个氢原子和 2 个氧原子结合而成的，我们必须承认这些可能性。也就是说，道尔顿自己也承认假设 (3) 是模棱两可的，他还提到，在其他可能性中，原子量的值也必须做出相应的改变。

那么，到底怎样的假设才是正确的呢？这要等到阿伏伽德罗的假说为我们揭开谜底。

气体定律与化学反应定律

阿伏伽德罗（Amedeo Avogadro，1776—1856）是一位意大利物理学家，他认为道尔顿的 (1) 是错误的，道尔顿所说的元素的原子并不一定是不可分割的，而有可能是多个同种原子的结合物，也就是说，一种元素也可能是由多个同种原子结合而成的。例如，道尔顿所说的氢原子，其实是 2 个氢原子的结合物，而氧原子其实是 2 个氧原子的结合物。道尔顿将所有这些东西都一概称为 "原子"，相对地，阿伏伽德罗则将原子的结合物与原子本身进行了区分，将前者命名为 "分子" [9]。根据这一命名方法，道尔顿所说的 "化合物的原子" 其实也应该称为 "化合物的分子"。于是，元素和化合物都有了分子这样一个中间单位，但阿伏伽德罗认为，对于某些元素来说，其分子也有可能是由单个原子构成的。

对分子进行定义之后，阿伏伽德罗提出了一个大胆的假说，即 "在相同压强、相同温度下，相同体积的所有气体中所含有的分子数量相同"，这就是我们刚才提到的阿伏伽德罗假说。

实际上，就在阿伏伽德罗提出这一假说之前，盖-吕萨克（Joseph Louis Gay-Lussac，1778—1850）提出了 "气体反应定律"。这一定律也是整数性的一种体现，盖-吕萨克提出这一定律正好是在《化学哲学新体系》发表的同一年。

盖-吕萨克是一位法国气体物理学家，以提出关于气体热膨胀的盖-吕萨克定律而闻名。关于这一定律我们稍后会提到，如果将这一定律与波义耳定律相结合，就可以推导出以下事实。假设我们现在有两种气体，它们的温度相等，压强相等，其体积比为某个值。然后，我们改变这两种气体的温度和压强，如果改变后两者的温度和压强再次达到相等的状态，则此时它们的体积比依然等于原来的值。

之前我们曾提到，氢气和氧气的混合气体在燃烧时，会以 2 : 1 的

---

9. 参见第 154 页的脚注。

体积比化合成水。在介绍这一段时，我直接说了体积比，而并没有说混合气体的温度和压强是多少，这是因为根据盖–吕萨克的结论，无论混合气体的温度和压强是多少，这一体积比都是恒定的，永远是以 2 : 1 的比例化合成水。换句话说，这个 2 : 1 的比例与温度和压强无关。

于是，盖–吕萨克开始思考，氢氧反应中所体现的这一简单的体积比，是不是仅限于氢氧两种元素这一特定情况下的一种偶然呢？换句话说，他推测这样的整数比在其他气体反应中也可以成立。在对几种气体反应进行实验之后，他发现任意两种气体反应时，其体积比都十分接近简单的整数比，这一定律称为"气体反应定律"，是整数性的一种表现形式。

盖–吕萨克认为，道尔顿在阐述整数性时所使用的 (1) 和 (3) 两个假设中，(3) 的模棱两可是可以通过这一定律解决的。例如，在氢氧化合反应中，根据道尔顿的假设 (3)，这一反应是 1 个氢原子和 1 个氧原子结合，但盖–吕萨克注意到，这一反应是以 2 : 1 的体积比来进行的，因此原子的结合应该也是 2 个和 1 个的关系。如果将这一观点进行推广，我们则可以得出这样的结论，即对于任何气体元素，相同体积的气体中所含有的原子数量是相同的。不过准确来说，还应该加上相同温度、相同压强的条件。

然而，上述最后这一结论，遭到了以道尔顿为首的很多化学家的反对。之前我们曾提到，道尔顿自己也承认 1 个氢原子和 1 个氧原子结合成水的这一假设是模棱两可的，他也知道氢气和氧气反应的体积比是 2 : 1。不仅如此，也有人认为道尔顿与盖–吕萨克几乎同时发现了热膨胀定律，因此道尔顿很有可能也研究过盖–吕萨克这一观点的可能性，但在将这一观点进行推广时，又在很多情况下与实验结果发生矛盾，对于这些他都是心知肚明的。

这时轮到阿伏伽德罗出场了，他认为在道尔顿的假设中，不仅 (3) 需要修正，而且关于元素由不可分割的原子构成的假设 (1) 也需要修正，即元素并不是直接由原子构成，而是由可分割的 "分子" 构成，这样一来，道尔顿以及其他化学家所提出的矛盾就能够得以解决。阿伏伽德罗发表这一观点是在盖–吕萨克提出其假说的三年之后。

综上所述，尽管道尔顿的原子论没有直接得到认可，但经过盖–吕萨克和阿伏伽德罗的完善之后，这一理论的基础变得更加稳固了。阿伏伽德罗的观点乍看之下像是一种打圆场的理论，因此当初也遭到了很多人的反对，后来瑞典化学家贝尔塞柳斯（Jöns Jacob Berzelius，1779—1848）认可了修正版原子论的价值，并以此为基础确定了多种元素的原子量，这些数值非常精确，以至于一直沿用至今。

当然，在化学家之中，尽管很多人都承认整数性的存在，但依然有不少人不承认原子论。这些人认为，整数性的根源在于化学亲和力的本性。此外，物理学家在探求热的本质的过程中，也从原子论找到了新的出路，但就是这些物理学家之中也出现了一些强烈的反对者。这些反对者的理由不尽相同，但一言以蔽之，他们认为原子是一种看不见摸不着的，超越我们一切感知的东西，相信这种东西的存在不是开科学的倒车，重新走思辨哲学的老路吗？

然而，在探求热的本质的学者们的努力下，人们发现原子论绝不是单纯的思辨产物。例如，在阿伏伽德罗假说提出的半个世纪后，人们确定了该假说的**关键**——气体分子的数量，于是发现这一假说并不是单纯的打圆场。此外，关于气体物理性质的诸多实验事实、波义耳定律、盖-吕萨克定律，以及由此衍生出的气体扩散、黏性、热传导等相关的定律，都能够从原子论推导出来，而且连熵增原理也通过原子论得以阐明。

于是，尽管我们无法直接看到原子的存在，但如此多的实验事实都为原子论提供了可靠的依据，这说明大自然告诉我们，认为原子论是思辨产物的反对论调本身，反倒更像是思辨的产物。什么是思辨，什么不是思辨，仅靠思辨是无法做出判断的，而是必须从大自然中寻求依据。

从漫长的历史中回顾道尔顿的功绩，我们在第 84 页中曾提到过波义耳的梦想，即"让化学对微粒哲学有所帮助"的这一愿望，终于在一个半世纪之后由道尔顿迈出了重要的一步。也就是说，经过化学家长年的研究和努力，原子论终于得以在科学体系中找到自己的位置。对于探求热的本质的物理学家来说，原子论也成为了一个十分重要的基础。

从下面一节开始，我们来谈谈在这一领域中物理学家所做的努力。

2. 热与分子

热的载体是什么

上一节中我们简单提到过，在亥姆霍兹的论文中已经出现了原子（或者说分子）是热运动的载体这一观点。这篇题为《力量的保存》的论文发表于 1846 年，十年后，克劳修斯发表了一篇题为《论热的动力》的论文。克劳修斯在 19 世纪 50—60 年代对热现象的不可逆性进行了研究，对热力学的确立做出了巨大的贡献，而在这一工作的间隙中，他还进一步对热运动的载体进行了深入的研究。

当时，还有其他一些人与克劳修斯持同样的观点。比如据说焦耳就是其中之一，还有一位叫克莱尼的不太有名的德国学者比克劳修斯更早发表了自己的观点。这些人都选择了气体的物理性质作为研究对象，这是因为和液体、固体相比，气体的物理性质是最简单的，也是人们了解得最多的。

说起气体的物理性质，道尔顿在寻找原子存在的证据时最先着手研究的也是这一点。不过，我们刚才提到的这些人，与道尔顿的观点有一个很大的差异，这一差异在于气体压强的起源。

在介绍道尔顿的时候我们曾提到，气体对容器壁会产生压强，道尔顿认为气体压强来自气体原子之间存在一种排斥力，这种排斥力阻碍气体原子相互靠近。然而，刚才提到的那些人认为气体分子之间根本不存在排斥力，或者即便存在，这种力也非常微弱，可以忽略不计。

那么，气体压强到底是怎么来的呢？这些人将气体压强归结为分子的热运动。如果认为分子是热能的载体，那么我们可以描绘出这样一个场景，即气体分子在容器中飞来飞去，这种运动肉眼看不见，而且是复杂和不规则的。这种运动就是热运动，而这种运动的能量也就是热能。于是，气体对容器壁产生的压强，就可以认为是不计其数的分子撞击容器壁所产生的冲击力的总和。

在这里，除了这些分子在空间中飞舞的运动之外，分子本身也像陀螺一样进行自转，分子内的原子也存在内部振动，这些运动都应该被包含到热运动之中。尽管克劳修斯也指出了这一点，但下面我们先暂且不考虑这些运动。

气体的压强、温度和体积之间的关系，已经通过两条定律以实验的方式阐明了，这两条定律就是前面我们提到过的波义耳定律和盖-吕萨克定律。这两条定律有很多表述方式，方便起见，在这里我们将波义耳定律表述为："对于密闭容器中的某种气体，当温度一定时，气体的压强与容器中的气体的量成正比。" 波义耳定律通常是这样描述的：对于一定量的气体，当温度一定时其体积与压强成反比。这种表述和我们刚才的表述是等价的，这一点用高中物理知识就能够证明，大家可以试着思考一下。

接下来是盖-吕萨克定律，我们在这里这样表述："对于一定量的气体，当压强一定时，其体积与绝对温度成正比。" 当然，这也不是盖-吕萨克原本的表述，因为在他提出这条定律的时候，还不存在绝对温度的概念，他原本的表述是，气体的膨胀系数为 $\frac{1}{273}$ [10]。

---

10. $\frac{1}{273}$ 这个系数是针对开尔文温标的，参见第 123 页。

准确来说，现实中的气体与这些定律之间都存在一定的偏差，但关于这一**偏差**，对于空气、氧气、氮气、氢气等难以液化的气体来说是非常小的，而对于其他气体，在十分稀薄[11]的情况下或者在高温的情况下，这一偏差也是小到可以忽略不计的。因此，没有**偏差**的气体在现实中的不存在的，但我们可以想象这样一种气体，并将其称为理想气体。

关于这一**偏差**我们暂且先放一放，对于理想气体，只要气体分子的运动满足以下条件，则如果认为热运动是产生压强的原因，就可以自然地推导出波义耳、盖-吕萨克定律。而这正是克劳修斯等人的发现。

根据克劳修斯的表述，这些条件如下。

(1) 气体分子的体积总和相对于容器的体积小到可以忽略不计。

(2) 当气体分子相互接近时，或者气体分子接近容器壁时，气体分子之间，以及分子与容器壁之间产生一种强力，这种强力会改变分子的运动，但受到强力作用的时间相对于分子自由运动的时间来说小到可以忽略不计。

(3) 上述分子之间，以及分子与容器壁之间所产生的强力，除彼此十分接近时以外非常微弱，因此分子的运动可看作直线运动。

根据气体分子运动论，满足上述条件的气体就是理想气体。为了满足上述条件，我们经常将分子比作弹力球，在这一模型中，我们将

---

11. 如果气体非常稀薄已经接近真空，则气体会丧失通常意义上的气体的性质，因此这种情况是排除在外的。

分子之间，以及分子与容器壁之间相互接近时产生的运动变化简称为"碰撞"。

当然，支配分子运动的力中不包含摩擦力。伦福德伯爵的经验和焦耳的实验都表明摩擦会产生热，但我们现在需要将热归结为分子的运动，因此在这一绘景中原本就没有摩擦力的参与空间。

接下来，克莱尼和克劳修斯进行了计算，在满足上述条件的情况下，已知容器内飞舞的分子数量、容器的体积、分子运动的激烈程度等条件时，容器壁所受的冲击力，也就是气体所产生的压强到底是多少。只不过此时我们假设分子运动符合牛顿力学，通过计算，克劳修斯等人得出了一条非常简单的结论：

容器壁所受的压强与容器体积的乘积，等于其中飞舞的原子所具有的总动能乘以一个常数 $\dfrac{2}{3}$。

如果将上述关系写成公式的话，就是下面这样[12]：

$$容器壁所受压强\ p \times 容器体积\ V = \frac{2}{3} \times 分子总动能\ E_{总} \qquad (甲)$$

实际上，在克莱尼和克劳修斯的计算中，对于分子之间的碰撞处理得并不充分，但后来人们发现了更好的计算方法，重新计算之后得到的结果是一样的。关于这一点，我们将在下一节介绍。

于是，我们根据分子运动的力学性质得到了上述结论，下面我们讲一讲由这一结论如何"自然而然地推导出波义耳定律和盖-吕萨克

---

12. 如果忽略气体分子之间的碰撞，这一关系式很容易推导出来，在很多高中教科书中也会出现这一公式。

定律"。

热学的量与力学的量

首先，显而易见的是，我们的公式 (甲) 是根据容器内飞舞的分子的力学性质得到的，其中包含了压强、体积、动能这些量，但却没有包含温度、热量这些量。而波义耳和盖-吕萨克定律是关于气体热性质的，其中必然会出现温度。此外，在这两条定律之外，如果要将气体的比热与分子运动的力学性质相关联，则必然会出现热量的问题。

现在的问题是，如何将热学的量与力学的量关联起来。

对于热量与机械能之间的关系，我们可以将热量看成能量的一种形态，那么焦耳实验等确定的热功当量已经给出了这一问题的答案。然而，对于温度来说，我们还没有得到这一答案。

通过下面的过程，我们就可以得到这一答案。

首先，请大家回忆一下我们之前提到的波义耳定律，即"对于密闭容器中的某种气体，当温度一定时，气体的压强与封入容器中的气体的量成正比。"从分子论的角度来看，容器中气体的量自然与气体分子的数量成正比，因此我们可以将"压强与气体的量成正比"改为"压强与气体分子的数量成正比"。

接下来，我们将 (甲) 两边分别除以分子的数量，如果将分子数量记为 N ，则可得：

$$\frac{压强\ p}{气体分子数量\ N} \times 体积\ V = \frac{2}{3} \times \frac{气体分子总动能\ E_{总}}{气体分子数量\ N} \qquad (乙)$$

这样我们就能够将刚才提到的波义耳定律与这一关系式关联起来。也就是说，将"在一定温度下，气体压强与气体分子数量成正比"这一断言与上述公式关联起来。

根据上述断言，当气体温度一定时，左边的压强 p 与分子数量 N 成正比，因此在一定温度下，即使 N 发生改变，$\dfrac{p}{N}$ 也是不变的。在这里我们有一个隐含条件，即容器的体积是不变的，因此当 N 发生改变时，右边的值也是不变的，即下式成立：

$$\frac{\text{分子总动能 } E_{总}}{\text{分子数量 } N} = \text{一定}$$

我们可以发现，这个量就是分子动能的总和除以分子的数量，也就是每个分子的平均动能，即：

$$\frac{E_{总}}{N} = \text{每个分子的平均动能} \qquad (丙)$$

于是，我们得到的结论可以这样表述："在一定温度下，每个气体分子的平均动能是一定的"，或者从数学上说，就是"每个分子的平均动能是温度的函数"。通过上述结论可得：

$$\text{压强 } p \times \text{体积 } V = \frac{2}{3} \times \text{分子数量 } N \times \text{气体温度的函数 } F(T) \qquad (丁)$$

在这里温度为绝对温度。

那么，这个函数 $F(T)$ 到底是怎样的形式呢？我们可以从盖–吕萨克定律中得到答案。盖–吕萨克定律说的是"对于一定量的气体，当压强一定时，其体积与绝对温度成正比"，我们将这一定律代入 (丁)，即一定量的气体、压强一定，相当于 p 和 N 一定，此时体积

V 与绝对温度成正比，由此我们就可以确定函数 $F(T)$ 的形式，也就是说，它只能是绝对温度 T 乘以某个常数。这就是我们所求的结论。

补充一下，这里所说的 "常数"，意味着这个数值与气体的量、体积、压强（当然还有气体的温度）无关，如果更进一步，我们还可以证明这一数值与气体的种类也无关。这一证明是由后来进一步完善了克劳修斯理论的麦克斯韦做出的。

关于麦克斯韦的功绩，我们留到后面再说，在这个问题上，他的方法大致是这样的。首先，假设有不同种类气体所形成的混合物。麦克斯韦证明，即便其中各种气体的分子平均动能不同，在分子相互碰撞的过程中，最终平均动能会达到相同的值。另一方面，当温度不同的两种物体相互接触时，它们的温度最终也会相等，这一事实与麦克斯韦的证明相互映衬，于是我们得到，温度相等的气体其分子平均动能也相等，与气体的种类无关。

于是，我们可以得到以下结论："每个气体分子的平均动能与气体的绝对温度成正比，其比例是一个与气体的量、体积、压强以及种类无关的常数。" 我们一般将这一常数的 $\dfrac{2}{3}$ 记为 k，称为玻尔兹曼常数。由此，下式成立：

$$每个气体分子的平均动能 = \frac{3}{2}kT \qquad (戊)$$

在这里，每个分子的速度由三维空间的 x, y, z 三个方向上的分量构成，而平均动能为各分量的 3 倍，因此为了便于后面的讨论，我们将 (戊) 改写为：

$$\text{每个气体分子的每个分量的平均动能} = \frac{1}{2}kT \qquad (\text{戊}')$$

此时，无论用 (戊) 还是 (戊′)，都可以将 (丁) 改写为以下形式：

$$\text{压强 } p \times \text{体积 } V = k \times \text{分子数量 } N \times \text{绝对温度 } T \qquad (\text{丁}')$$

于是，对于理想气体，而且是没有分子自转和内部振动的理想气体这一特殊的物质，我们将温度这一热学的量，与分子平均动能这一力学的量，通过包含常数 k 的关系式 (戊′) 建立了关联。但在关系式 (戊′) 中，对于分子的自转和内部振动等的动能，在每一个分量上也是成立的。而且，随着理论的发展，后来人们发现关系式 (戊′) 对于非理想气体的一般气体也是普遍成立的。

写给物理学生的注释：

当存在自转和内部振动时，从重心的动能来看，每个分子所具有的动能相应变大。简单说结果，加上分子自转，(戊) 的系数变为 $\frac{5}{2}$，再加上内部振动则变为 $\frac{6}{2}$。但由于自转和内部振动不影响气体对容器壁的压强，因此 (丁) 和 (丁′) 依然成立。

进一步说，以原子假说为基础的热理论不仅对气体成立，后来还推广到固体和液体，无论在任何状态下，常数 k 都是连接热学的量与力学的量的**关键**。上述这些成果，一般大多归功于麦克斯韦之后的学者玻尔兹曼，为了纪念他，人们将 k 称为玻尔兹曼常数。

在继续深入讲解理论之前，还有一点需要指出。麦克斯韦证明了常数 k 与气体的种类无关，因此由 (丁′) 可见，无论何种气体，在等温、等压、等体积的条件下，其中所含有的分子数量都是相等的。于

是，阿伏伽德罗假说就已经不再是假说了，而是可以由分子运动论的
基本假设推导出来。

分子运动的无序性

到此为止，对于热理论中的温度这个量，我们已经通过气体分子
运动论中每个分子的平均动能与之建立了关联。那么，对于我们在第
二章第 4 节中提到的克劳修斯理论中的关键概念——熵，在分子运动
论中又该如何与之建立对应关系呢？对于这个问题，刚才我们提到的
玻尔兹曼也给出了答案，但这个过程十分艰难曲折，我认为通过梳理
这一过程，能够为思考 "物理是什么" 这个问题带来启发。

不过，这个话题我们暂且留到后面再讲，在此之前，还有一件事
要提一下。之前我们提到，作为热的分子运动论出发点的 (甲) ，即用
分子的动能来表示气体压强与体积之积的那个公式，是通过牛顿力学
推导出来的。这个说法其实太粗略了。也就是说，尽管关系式 (甲) 是
通过牛顿力学推导出的，但其实在推导 (甲) 的过程中，我们引入了很
多分子运动的相关假设。问题在于，这些假设与牛顿力学相互矛盾，
只能靠直觉来进行弥补。

要解释这其中的缘由，大家需要先回忆一下力学的一个重要特
征。我们在第 67 ~ 69 页中讲过，牛顿力学认为，大自然对物体运动的
规定不在于运动状态本身，而是在于运动状态的变化，因此同一个力
可以产生多种运动状态。相应地，我们又得出了这样的结论，即在某
个时间点，只要知道物体的位置和速度，就可以唯一地确定之后任意

时间点的运动状态[13]。而且，力学定律对于位置和速度没有做出任何规定，这意味着我们可以任意给定位置和速度，从而可能产生各种运动状态。

在这里，我们一般将设定物体的位置和速度称为"给定运动的初始状态"，套用这种说法，上述结论可表述为："在外力作用下，物体的运动状态可通过给定初始状态唯一地确定，由不同的初始状态可产生各种不同的运动状态。"再强调一遍，在力学定律中没有对初始状态进行任何限制。

牛顿力学的这一特征来自于我们在第 65 页中所介绍的第二定律，因此，上述内容不仅适用于向心力的情况，也适用于一个物体运动的情况，在多个物体之间存在力的相互作用的情况下，以及这些物体受外部作用力进行运动的情况下，上述内容总是成立的。因此，我们所研究的分子运动，既然采用了牛顿力学，那么上述内容也一定是成立的。在这里，给定初始状态意味着对于某个时间点，需要确定每个分子的位置和速度，分子的数量越多，所能够给定的初始状态也就越多，而实际的气体中，这一数量之大是超乎想象的，因此相应可实现的运动状态数量之大也是超乎想象的。

想到这里，我们会发现，关系式 (甲) 是通过牛顿力学推导出来的这一简单的说法背后，还隐藏着太多的问题。首先，一个理所当然的疑问就是，既然可能产生的运动状态如此之多，而这些状态最终却都能够达到同一个平衡状态，使得 (甲) 总是成立，事情真的有这么简单吗？还有，就算真的能够成立，它的依据又是什么呢？我们并没有对

---

13. **写给物理学生的注释**：从理论上说，之前任意时间点的运动状态也可以唯一地确定，请大家回忆一下第 68 页的脚注。

这些问题进行解释。

　　实际上，在我们所能够想到的分子运动中，的确有一些是无法令(甲)成立的。举个例子，我们可以想象一个完全正方体的容器，其内壁是完全光滑的平面。我们选取其中任意两个相对的壁面，将分子一个一个放在与两个壁面垂直的一条条平行线上，在这里，平行线之间的间隔要大于分子的大小。接下来，在某个时间点，我们为每个分子给定一个平行线方向上的速度，很显然，从这个初始状态开始运动，分子之间不会相互碰撞，而是会在两个壁面之间左右来回运动。于是，当分子碰撞两个壁面时会对壁面产生冲击力，这些冲击力的总和就是壁面所受的压强，但是剩下的四个壁面并没有受到分子的碰撞，也就不会产生压强。我们可以用高中知识进行简单的计算，两个壁面所受的压强并不满足(甲)，而是：

$$pV = 2 \times \text{分子总动能 } E_{\text{总}} \qquad\qquad (\text{甲}')$$

而剩下的四个壁面则是：

$$pV = 0 \qquad\qquad (\text{甲}'')$$

　　但是，大家都能发现，这样的理想情况是绝对无法实现的。首先，绝对不存在一个理想的完全立方体的容器。实际的容器中，两个相对的壁面绝对不可能是完全平行且完全光滑的。即使假设存在这样的容器，我们在对分子给定初始状态时，哪怕任意一个分子的速度的方向与壁面的垂线偏离一点点，分子在每次碰撞壁面时，其轨道的平行性就会发生相应的偏差，最终两个分子的轨道距离会小于分子的大小，或者说两个分子的轨道会在某一点相交。于是，在某个时间点，两个分子一定会出现在同一个位置，于是就会发生碰撞，导致两个分子的运动方向发生巨大的改变。随后，一次碰撞引发另一次碰撞，继而引发更多的碰撞，最终，初始状态中的有序运动被完全破坏，变为完全无序的运动，这也正是气体最终所达到的平衡状态。

上面这个例子中的初始状态是一种非常特殊的人为状态，还有一些更容易想象的初始状态，比如容器内存在一个分子密度较高的部分，或者即便密度是均匀的，也可以有某个部分的分子运动更激烈。这种情况下，我们不用计算就可以发现，至少在开始的一段时间内，上述这些部分附近的壁面所受的压强要大于其他的壁面，这时 (甲) 显然是不成立的。然而，一开始比较密集的这些分子，随着分子之间的不断碰撞会逐渐扩散，而一开始运动更激烈的分子也会随着分子之间的不断碰撞对其他的分子产生影响，最终容器中的分子分布会变得均匀，运动的幅度也会变得均匀。于是，初始状态中所具有的特殊性会全部消除，最终变为完全无序的运动。克莱尼和克劳修斯在推导 (甲) 时所设想的正是这样一种情况。

综上所述，无论一开始给定怎样的初始状态，最终都会达到满足 (甲) 的状态，这一点已经通过实验被验证了。也就是说，不均匀的气体状态是不稳定的，最终必然会达到一个密度和压强都均匀分布的平衡状态，这一实验事实是被广泛认可的。而且，我们讨论的出发点，即波义耳和盖-吕萨克定律，也是在这一平衡状态下通过实验得出的。

克莱尼和克劳修斯在推导 (甲) 的过程中，不仅是以牛顿力学为基础进行的，而且还假设了存在上述平衡状态，这一点在 (甲) 的计算中扮演了重要的角色。也就是说，他们在计算中进行了下列假设：无论从任何初始状态出发，分子集团中不计其数的分子随着不断相互碰撞，以及不断碰撞容器壁，最终会达到一个平衡的状态。此时，分子的运动十分复杂，可以认为是完全无序的，其中所产生的碰撞的时间和位置，或者由此引发的分子速度的变化，除了遵守能量守恒定律之外，只能将其看成是在偶然因素支配下所产生的结果。在达到这样的状态后，可以运用支配偶然现象的概率论来进行各种计算。这就是他们的主要思路，克莱尼在论文中写道：

……每个分子的轨道一定是不规则的，无法计算的，但通过使用概率论，这一完全的不规则性就可以反过来假设成完全的规则性。

不仅是克莱尼，克劳修斯和麦克斯韦在其早期论文中也明示或暗示地在计算过程中使用了以下假设。例如，在忽略重力等外力的条件下，气体分子出现在任何位置的概率都是相等的，因此分子的密度在容器内是均匀分布的。在同样的无重力条件下，分子朝各个方向运动的概率也是相等的，因此分子的速度方向在容器内也是均匀分布的。对于分子速度的大小，由于分子的总动能是确定的，因此尽管我们不能说分子具有任意速度的概率都相等，但分子的速度分布[14]在容器内任何地方都是相等的。上述这些概率论的假设，与第 163 页中的三条假设相结合，通过力学计算就可以推导出关系式 (甲)。

至于这些概率论的假设在计算中是如何运用的，我们留到下一节再讲，这里我只想指出一点。关系式 (甲) 右边的系数，去掉分子的 2，还剩下一个 $\frac{1}{3}$，这个系数表示分子运动在全部三个方向上具有相

---

14. 指将分子按速度大小分成若干个组，每个组中所包含的分子数量。

等的概率，这就是由概率论的假设所推出的。实际上，在我们刚才的例子中提到的那种非常特殊的分子运动，就是因为各个方向上的运动不平等，才会导致系数不为 $\frac{1}{3}$，而是像 (甲′) 一样为 1，或者像 (甲″) 一样为 0。

于是，无论从任何初始状态出发，最终所能够达到的平衡状态就是完全无序的分子运动状态，通过认同这一前提，我们就可以得出，与"温度"这一热学的量所对应的分子运动论的量，就是每个分子的平均动能。正如之前所提到的，后来麦克斯韦证明了上述结论总是成立，而与气体的种类无关。

我们在下一节中将会讲到，上述关于"温度"的结论，在推广到更加普遍和严密的理论时也是能够成立的。但在最初的阶段，上述结论得以成立的前提是，无论从任何初始状态出发，气体最终都会到达同一个平衡状态。但克劳修斯以及之后的麦克斯韦并非直接默认这一前提，而是努力探求从初始状态到平衡状态的过程中，分子集团到底是如何运动的。

他们做这样的努力也是情理之中的事。比如说，从分子密度不均匀的初始状态出发，最终达到密度均匀的状态，这个问题其实就是气体扩散问题。此外，从局部分子运动较激烈的状态出发，最终波及所有分子，这其实就是气体内部热传导的问题。上述两个问题都无法仅通过热力学两大定律来回答，因此分子运动论必须要回答这些问题。

然而，在这一推导过程中，克劳修斯和麦克斯韦必须同时使用力学和概率论两个体系。对于这些颇具突破性的尝试，也有很多人明确表示反对。因为这些尝试中的常用手法，即对分子运动的无序性运用概率论的方法，在当时算是一种前所未有的知识冒险。就像其他任何冒险一样，在保守的人们看来，其中无疑充满了各种粗暴的要素。

例如，其中像 "无序" "偶然" "概率" 等用词的含义十分模糊，有时这些含义还会发生变化。而且，对力学定律和概率定律的使用混杂在一起，从理论本身的结构来看，其自洽性（没有内部矛盾）不明确，完善程度也很低。

因此，原子论的反对者所提出的理由，除了原子论以超感知的原子存在为基础这一哲学理由之外，热的分子运动论内部的自洽性不明确也是一个重要因素，这样的怀疑应该说也是不无道理的。

然而，颇具冒险精神的先驱们，特别是堪称热力学之父的克劳修斯，之所以要进行这样的冒险，其动机正是我们在第三章开头所提到的这一点。即仅用热力学定律不足以推出各种物质的热性质，因此要得到这些热性质就必须逐一进行实验。这意味着热力学和实验事实之间存在着一道隔阂，而克劳修斯的动机正是希望填补这一隔阂。

于是，他们决定将成败赌在热的分子运动论上，使之成为能够推导出与热有关的各种现象的定律——包括熵增原理在内——的一个统一的理论体系。换句话说，他们希望将热理论打造成为伽利略所说的真正的论证科学，这一强烈的愿望驱使他们展开了这样的冒险，而那些反对观点最终也没有压制住这一强烈的愿望。

关于反对原子论的各种观点，我还有很多东西要讲，不过到这里我想暂且告一段落，将话题转到分子运动论及其之后的发展上来。下面让我们来看一看，刚才所介绍的早期分子运动论，是如何通过改善力学与概率论之间的含混不清，以及由此造成的自洽性不明确的问题，最终产生强大的说服力，并得到人们广泛支持的。

我在第 170 页中曾经提到，热的分子运动论是建立在牛顿力学基础上的，但这一点的背后其实隐藏着诸多要素。当时我们还提出了一个疑问，即："无论初始条件为何，运动最终都会达到同一种状态，这个结论的依据到底是什么？" 在这一疑问的基础上，我们其实还可以问："到底有什么依据支持将力学定律与概率定律混用呢？"

下一节我们将介绍上述疑问到底是如何解决的。

3. 热的分子运动论的艰辛之路

正如上一节结尾所预告的，下面我们来看一看热的分子运动论中的一些缺陷是如何被逐步改善的。

在这一工作中迈出最初一步的是奥地利物理学家玻尔兹曼（Ludwig Boltzmann，1844—1906），时间是在克莱尼和克劳修斯所做的工作十年后，即 1868 年。

玻尔兹曼产生了一个新的 "想法"，但他将这个想法写在了一篇全长 40 页的论文的最后一章，一共只占了五页的篇幅，实在太不引人注目。而玻尔兹曼自己在三年后发表的另一篇题为《关于热平衡的若干一般定理》的论文的结尾对他上述想法的基础表示疑问，后来一度搁置了这一想法，直到他发现了我们稍后要介绍的麦克斯韦的方法，并认为这一方法可以为其想法提供更加牢固的基础，于是他开始对他的想法进行推广，希望能够由此找到熵在分子运动论中的对应量。

克劳修斯将 $\frac{Q}{T}$ 命名为熵是在 1865 年[15]，那么在分子运动论中，熵又是什么呢？玻尔兹曼原本一开始并不关心这个问题，这一点可以从他关于分子运动论的第一篇论文（1866 年）的标题——《论热力学第二定律的力学意义》——看出来。然而，玻尔兹曼的这篇论文尚显幼稚，他的研究在麦克斯韦的指引下才最终走上正轨。下面我们先来讲一讲麦克斯韦。

---

15. 参见第 136 页。

麦克斯韦的统计方法

麦克斯韦比克劳修斯稍晚一点，在 1860 年才涉足热的分子运动论领域。他在自己的第一篇论文中阐述的方法为分子运动论带来了一场变革。麦克斯韦对分子集团引入了 "速度分布" 这一新概念，而且他还确定了平衡状态中分子集团的速度分布，并用它来对各种现象进行阐述。

下面我们来讲一讲什么叫速度分布。

我们可以用麦克斯韦本人在一场学会上的演讲中的一句话来概括他的这一方法的要点，即 "现代原子论学者采用了一种对大学数学物理学来说是全新的，但统计局却已经用了很久的方法"。我想大家应该对这里所说的 "统计" 有一些了解，不过我们还是查一下字典，字典上给出的解释是："通过计算集团中各个元素的分布，定量地明确该集团的趋势、性质等特征。" 比如说，统计局可以通过发放和收集国情调查问卷，通过其中的数据来计算国民的年龄、收入等的分布。

那么分布到底是怎样计算的呢？我们可以将所有国民按照年龄或收入分成若干个组，然后计算每个组在全部人口中的占比。那么这些组又是怎样分的呢？下面我们以年龄分布为例来讲一讲。

首先，我们将 0 岁、1 岁、2 岁……这样的年龄数据按照相等的间隔划分成若干个区间，例如 0 岁到 4 岁为一个区间，5 岁到 9 岁为一个区间，10 岁到 14 岁为一个区间……但 "几岁到几岁" 这个说法太长了，下面我们只取各个区间的最低年龄，将上述各个区间分别称为 "0 岁区间" "5 岁区间" "10 岁区间"……

接下来，我们按照位于 0 岁区间的国民、位于 5 岁区间的国民、位于 10 岁区间的国民……将全部国民进行分组，并将这些组称为 "0 岁组" "5 岁组" "10 岁组"……然后我们只要计算每个组的人数，就可以得到国民的年龄分布了。

在这里，年龄应该如何划分区间呢？如果区间划分得太宽，那么统计结果就会太粗。例如如果我们按 0 岁到 19 岁、20 岁到 39 岁、40 岁到 59 岁……这样来划分区间的话，就很难搞清楚集团的趋势和性质。也就是说，要想搞清楚趋势和性质，我们需要确保每个组中所有的成员都具有类似的性质，因此需要将年龄跨度设置得小一些。从这一点上来说，将年龄区间划分得太宽是不合适的。

但是，如果把区间划分得太窄行不行呢？区间划分得太窄，统计工作就会变得十分烦琐，即便工作量可以接受，也会出现所谓 "只见树木不见森林" 的问题。也就是说，要想看见森林，就必须让每个组拥有足够数量的成员，如果成员数量太少，那么整个组的趋势和性质就会被每个成员的个性趋势所掩盖。

我们本来是要讲速度分布，却花了不少篇幅来讲统计局的工作。不过 "现代原子论学者" 为了对分子集团这一特定对象 "定量地明确集团的趋势、性质等特征"，按照统计局所使用的方法探讨分子在集团中的速度分布，可以说是再合适不过了。毋庸置疑，关于采用这种方法的 "原子论学者"，他们的领头人正是麦克斯韦。

下面我们给 "速度分布" 下一个定义。关于速度分布，我们在第 173 页中稍微提到过一点，现在我们要更加深入一些。正如大家所知，空间有 x, y, z 三个方向，相对地，速度也有三个分量。不过，为了简单起见，我们一开始先只考虑 x 分量的分布。

首先，我们先模仿统计局的做法，将速度按照相等的间隔划分为若干个区间。只不过，速度的分量是可以取负值的，因此区间的划分不是从 0 开始，而是从某一个负值开始一直划分到正值。我们设区间的宽度为 Δ_v，则划分的方法形如：……、$-3\Delta_v$ 到 $-2\Delta_v$、$-2\Delta_v$ 到 $-1\Delta_v$、$-1\Delta_v$ 到 0、0 到 $1\Delta_v$、$1\Delta_v$ 到 $2\Delta_v$、$2\Delta_v$ 到 $3\Delta_v$、……我们将这些区间分别简称为：……、"$-3\Delta_v$ 区间""$-2\Delta_v$ 区间""$-1\Delta_v$ 区间""0 区间""$1\Delta_v$ 区间""$2\Delta_v$ 区间""$3\Delta_v$ 区间"、……

接下来，我们将速度位于各个区间的分子分别划分为：……、"$-3\Delta_v$ 组""$-2\Delta_v$ 组""$-1\Delta_v$ 组""0 组""$1\Delta_v$ 组""$2\Delta_v$ 组""$3\Delta_v$ 组"、……并将各组中的成员数量记为：

$$\cdots, n(-3\Delta_v), n(-2\Delta_v), n(-1\Delta_v), n(0), n(1\Delta_v), n(2\Delta_v), \cdots \qquad (1)$$

在这里，我们将这些 n 值定义为速度分布。

现在，我们将各区间的名字中下面这些离散的值：

$$\cdots, -3\Delta_v, -2\Delta_v, -1\Delta_v, 0, 1\Delta_v, 2\Delta_v, \cdots \qquad (2)$$

用一个变量 V_x 来表示，那么 (1) 中的 n 就可以从一个数列，改写为变量 V_x 的函数 $n(V_x)$。这种表示方法对物理学家来说比较方便，物理学家将这个函数 $n(V_x)$ 称为"分布函数"，即：

$$分布函数 = n(V_x)$$

像这样，我们在只考虑 x 分量的情况下对速度分布进行了定义，将这一定义推广到 y 分量和 z 分量是很容易的。具体来说，只要将对 x 分量划分的区间应用到 y 分量和 z 分量上，并将它们用"且"的关系连接起来就可以了。也就是说，x 分量 V_x 位于哪个区间，且 y 分量 V_y 位于哪个区间，且 z 分量 V_z 位于哪个区间，以这样的条件对分子进行分组，并计算每个组的成员数量。在这里，为了方便起见，对于 V_x 位于哪个区间，且 V_y 位于哪个区间，且 V_z 位于哪个区间，我们可以简单说成是 V_x, V_y, V_z 位于哪个 "域"。对于一个域，我们可以将各个分量所属的区间的名字写在一起，当作这个域的名字。例如 $(-5\Delta_v, 3\Delta_v, 8\Delta_v)$ 域表示速度的 x 分量位于 $-5\Delta_v$ 区间，且 y 分量位于 $3\Delta_v$ 区间，且 z 分量位于 $8\Delta_v$ 区间。

通过引入域的概念，对于分子所在的组，我们也可以用三个区间名写在一起的形式来表示，于是，按照物理学家所偏好的方式，我们将各个组的成员数量都看作分布函数，则这个函数是 V_x, V_y, V_z 这三个变量的函数，即：

$$分布函数 = n(V_x, V_y, V_z) \qquad (3)$$

显然，和 V_x 一样，V_y 和 V_z 的取值范围也是 (2)。

有了 "速度分布" 的定义，麦克斯韦的下一个问题就是探讨分布的沿时间变化，以及达到平衡状态时具体的分布形态，也就是确定在达到这一状态时，每个组中分子的数量是怎样的。

分布的沿时间变化在统计局的工作中也是可以见到的。例如人口的年龄分布，由于人的年龄每年都要增加一岁，那么每过一年，就会有人从一个组迁移到上面一个组，同时也会有人从下面一个组迁移到本组。除了向上迁移的人口之外，还有去世的、出国的，以及从国外进入的人口。像这样，每个组的人口都有人有出，出入之差就是这一组的成员数量所发生的变化。显然，在这里，对于 0 岁组来说，从下面一个组迁移到本组的人口也就是新生儿。

那么，分子集团中速度分布的变化又是如何发生的呢？

在考虑这一变化时，我们先假设分子集团不受到任何外力作用。麦克斯韦所研究的主要是下面这样的情况。在这种情况中，速度分布的变化原因是分子之间相互碰撞导致的分子速度变化。这种速度变化使得在每次发生碰撞时，对于一个组来说，都会有一些分子迁移到别的组，同时也会有另一些分子从别的组迁移过来，于是出入之差就是这一组的成员数量所发生的净变化。在这里，分子与容器壁的碰撞也会导致速度变化，但这种情况对研究问题本质无关紧要，因此我们在这里先不考虑。

麦克斯韦同时运用牛顿力学和概率定律对分子之间的碰撞进行了计算。要想准确阐述这一过程，需要比较高等的数学，这将脱离本书的目的，因此我们尝试一下在不使用高等数学的范围内向大家进行介绍。

首先我们选取两个组，即组 A 和组 B，并考虑组 A 中的一个分子和组 B 中的一个分子发生碰撞的情况。此时，如果划分速度区间的宽度 Δ_v 足够小，那么我们可以认为属于同一个组的所有分子的速度都相等（无论大小还是方向）。因此，在我们刚才所考虑的碰撞情况中，可以认为这两个分子分别被给定了不同的速度。

当两个分别被给定不同速度的分子相互碰撞时，碰撞后分子的速度将如何改变，这一问题是可以通过力学来求解的。在力学中，根据碰撞**方式**的不同，碰撞后的分子速度会存在各种情况，但只要碰撞**方式**确定，则碰撞后的速度也是确定的。这里的碰撞**方式**是什么意思呢？以弹性球模型为例，就是指在碰撞的瞬间，也就是两个球相互接触的瞬间，其接触点位于球面上的什么位置（图7）。

于是，当组 A 的分子与组 B 的
分子相互碰撞时，必须知道碰撞的
方式才能确定碰撞后的速度。以弹
性球模型为例，就是必须知道球的
接触点位于球面上的什么位置。

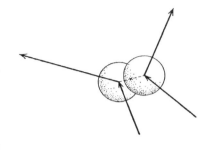

然而，要想知道这一点，就必
须知道两个分子在碰撞前具有怎样

图 7

的速度，同时还需要知道它们之间的位置关系。两个分子是会发生碰
撞，还是会擦身而过，这取决于它们在碰撞前的位置关系。而且，即
便两个分子的位置关系决定了它们迟早会发生碰撞，如果我们仅研究
有限时间内的碰撞问题的话，则还需要排除相互距离过远的分子。

那么，现在的问题就是位置关系了，在这一点上，麦克斯韦向概
率论寻求帮助，也就是使用了我们在第 173 页中提到的概率论的假
设，即假设分子在空间内均匀分布，且分子的速度分布在任何位置都
相等。在这一假设前提下，对于所有属于组 A 和组 B 的分子对，我们
可以计算出其位置关系在有限时间内会发生碰撞的分子对数占分子
总数的百分比，还可以进一步计算出其中百分之多少的分子的位置关
系会以某种特定的**方式**发生碰撞。结果，我们就可以计算出组 A 和组
B 的分子对中，有百分之多少会在有限时间内，由于碰撞而迁移到组
C 和组 D，又有百分之多少会迁移到组 C′ 和组 D′。反过来说，我们
也可以计算出其他各组的分子对中，有百分之多少会迁移到组 A 和
组 B。

于是，通过计算各组在一段时间内的成员数量的出入变化，就可

以根据出入之差得到成员数量的净变化。麦克斯韦在计算出净变化之后，还进一步求出了在成员数量的出入正好抵消的状态下，也就是不再发生变化的平衡状态下速度分布的形态。

通过上述计算我们可以得出，平衡状态下分子的速度在所有方向上都是平等的（从中我们也可以看出，分子与容器壁的碰撞并不影响这一结果），而且其速度大小的分布呈现概率论中十分常见的"正态分布"。在这里我不想过多地解释什么叫正态分布，大家看图 8 就可以了，但这一分布有一个特性是需要指出的。

我们用刚才在 (3) 中定义的分布函数 n 除以分子总数 N，再除以"域"的体积 $\Delta_v{}^3$，并将这一结果记为函数 f。于是，麦克斯韦计算出，在平衡状态下，f 中仅包含一个不定常数[16]，而这一常数与分子集团中分子的质量以及每个分子的平均动能密切相关。也就是说，确定了这一常数的值，就能够确定平均动能，而反过来说，知道平均动能也就能够确定这一常数的值。物理学家将平衡状态下的这一分布形态称为"麦克斯韦分布"。

上面我们只讨论了同种分子所组成的分子集团，麦克斯韦进一步将其推广到由质量不同的两种分子所组成的分子集团。他先分别独立计算每种分子的速度分布，然后再计算出平衡状态下两种分子的速度分布形态，结果，两种分子都呈现正态分布，且根据这一分布分别计算两种分子的平均动能，发现它们彼此相等。这一结论我们在第 167 页中已经提前介绍过了。

有了速度分布，我们就可以计算出分子集团对容器壁产生的压

---

16. **写给物理学生的注释**：该函数为：$f = \left(\dfrac{\alpha}{\pi}\right)^{\frac{3}{2}} e^{-\alpha(V_x{}^2 + V_y{}^2 + V_z{}^2)}$。其中 π 为圆周率，α 为正文中提到的不定常数。

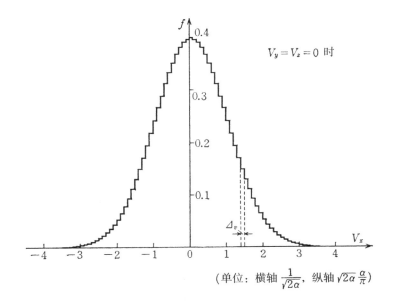

图 8

强，结果这样计算出的压强永远符合上一节中的公式 (甲)。我们在第 164 页中提到的用更好的计算方法重新计算 (甲)，指的就是这一方法。

此外，麦克斯韦还指出，如果将刚才提到的关于两种不同分子所组成的集团的结论，即两者的平均动能相等这一结论，与 (甲) 联系起来，就可以推出阿伏伽德罗假说。这一结论我们已经在第 168 页中提前介绍过了，不知道大家还有没有印象。

麦克斯韦的收获可以说不胜枚举，我们就不再一一介绍了。

最后，我们来总结一下分子运动论中具有重要意义的三大问题。这三大问题是：当气体内部各个位置的温度不均匀时，是如何随着分子碰撞沿时间向温度的均匀状态变化的；对于两种气体的混合物，当其混合比不均匀时，是如何沿时间向均匀状态变化的；当气体内部存在局部流动时，这一流动是如何沿时间趋于停止并达到平衡的。其中第一个问题称为气体内的热传导问题，第二个问题称为气体扩散问题，第三个问题称为气体黏性问题。

为什么这三个问题如此重要呢？这是因为从分子运动论的观点来看，这些问题与分子的大小和数量是相关的，因此通过将得到的答案与实验结果进行对比，就可以确定这些未知的量。

19 世纪 60 年代，正当麦克斯韦和克劳修斯等人对这些问题进行研究并得出答案时，奥地利物理学家洛施密特（Josef Loschmidt，1821—1895）通过实验测出了分子的大小，提出空气分子的半径大约为 10^{-7} 厘米。不知道为什么，洛施密特似乎没有计算分子的数量，但通过他所使用的公式可以求出这一数量，即在 1 个大气压、0 摄氏度的 1 立方厘米空气中，大约有 2×10^{18} 个分子，后来洛施密特又通过精密实验将这一数量修正为 2.69×10^{19}，这个数经常被称为洛施密特常数。

顺便提一下，麦克斯韦和汤姆森（即提出绝对温度的开尔文勋爵）后来都以各种方式对洛施密特的工作做了补充，发现通过这些方式所得到的分子数量都能够互相吻合。麦克斯韦和汤姆森非常重视这一结果，因为这意味着分子运动论不再是一种单纯的假说，而是具备了观察事实的重要依据。

上面我们介绍了麦克斯韦从 1860 年起发表的两篇论文中的一些要点，介绍得非常粗略。实际上，他提出的"速度分布"这一方法论证了十分丰富多彩的问题，我在这里介绍的内容只不过是冰山一角。麦克斯韦所做的这些工作为玻尔兹曼留下了深刻的印象，玻尔兹曼的传记中也记载了他对麦克斯韦的赞美之词。这部传记是由布洛达（Engelbert Broda）撰写的，有兴趣的读者可以去读一读。

下面我们来看一看玻尔兹曼是如何将麦克斯韦的这一方法进行推广，并用它来对熵进行阐述的。

对熵的力学认识

对速度分布的方法进行推广到底是怎么一回事呢？麦克斯韦只研究了分子速度的分布，而且在讨论这一问题时都是以第173页中的假设为基础的。相对地，对这一方法进行推广，就是要建立一种在没有这些假设的条件下也能普遍成立的理论。

为什么需要进行推广呢？首先，在分子集团受到外力作用时，麦克斯韦所设置的密度均匀的假设就不成立。而且，刚才我们也提到过，容器内的气体可能存在局部的流动，或者在不同位置存在温度的差异，又或者混合气体的混合比存在差异，搞清楚这些情况下气体经过怎样的过程达到空间上的均匀，对于阐明气体内部摩擦、热传导、扩散等问题是必需的。因此无论如何，除了分子的速度分布之外，我们还需要考虑分子的空间分布，这就需要打破麦克斯韦的假设框架，将这一方法进行推广。

写给物理学生的注释：

正如我们之前所介绍的，这些问题麦克斯韦也进行了讨论，但是他在讨论这些问题时，将空间中连续变化的流速、温度和混合比通过薄层的连接近似地看成阶梯状的变化。这一近似的方法不仅缺乏依据，而且也无法充分论证空间上的不均匀是如何在时间上向均匀变化的。

为了达到这一目的，我们必须对分布函数 (3) 进行推广，使其能够包含空间分布。为此，我们先要按照空间距离以相等的间隔来划分区间，并将每个区间的宽度设为 Δ_l。和速度一样，空间的尺度也是以 0 点为中心向正负两个方向延伸的。参照速度分布的方法，这次我们考虑的是 x, y, z 的 "域"，相对于讨论速度分布时的域 V_x, V_y, V_z，现在我们用 X, Y, Z 这样 3 个变量写在一起表示位置的域，并将位置的域与速度的域用 "且" 连接起来。于是，我们就有了一个由 6 个变量 $X, Y, Z; V_x, V_y, V_z$ 确定的位置速度域。

现在我们可以将表示各个域中成员数量的分布函数定义为一个 6 个变量的函数，即：

$$分布函数 = n(X, Y, Z; V_x, V_y, V_z) \tag{4}$$

显然，这里 V_x, V_y, V_z 的取值范围和 (2) 相同，而 X, Y, Z 的区间宽度为 Δ_l，因此其取值范围如下：

$$\cdots, -2\Delta_l, -1\Delta_l, 0, 1\Delta_l, 2\Delta_l, \cdots \tag{2'}$$

这样我们就对原来的分布函数进行了推广，得到了一个包含 6 个变量的分布函数。

完成了对分布函数的推广之后，接下来的问题就是求出分布函数的沿时间变化。此时，由于我们进行了推广，因此情况和麦克斯韦的时候不太一样，除了要考虑分子之间碰撞引起的变化之外，还要考虑外力引起的变化。其中，外力引起的变化可以仅通过力学定律计算出来，而对于碰撞引起的变化，则需要像第 181～183 页中介绍的麦克斯韦的方法一样，同时运用力学和概率论来计算。但是，在这里我们不能采用麦克斯韦的分子速度和方向均匀分布，且分布函数的值在任何位置都相等的假设，而是必须从未知的分布 (4) 出发。

写给物理学生的注释：

由麦克斯韦提出并由玻尔兹曼完成推广的这一计算方法，正如第 183 页中提到的，是通过同时运用概率和力学将分布函数与碰撞的方式关联起来的，但这一关联也存在一个概率论的假设，通常我们称为 "碰撞数假设"。关于这一假设是否合理，后来又出现了各种各样的争议。

通过上述方式，求出外力与碰撞这两种原因所引起的分布函数的变化，并将这两种变化叠加起来，玻尔兹曼就得到了一个微分方程，也就是一个关于分布函数沿时间变化的方程。为了纪念这一方程的发现者，物理学家将其称为 "玻尔兹曼方程"。玻尔兹曼利用这一方程对麦克斯韦所涉足的各种问题进行了更加深入的数学论证，并对麦克斯韦的一些遗留问题进行了研究。

其中最值得关注的一点，就是玻尔兹曼运用分布函数 (4) 对相当于熵的量进行了定义。

遗憾的是，对于玻尔兹曼对熵的论证，在不涉及复杂数学的前提下是不可能讲清楚的。但为了满足各位读者的好奇心，我在这里给出通过 (4) 得出的相当于熵的量的定义式，并简单介绍一下玻尔兹曼关于这个量的数学性质的结论。

玻尔兹曼所发现的量通常记为 $H(t)$，其定义如下：

$$H(t) = \sum_{V_x, V_y, V_z} \sum_{X, Y, Z} n(X, Y, Z; V_x, V_y, V_z; t) \quad (5)$$
$$\log n(X, Y, Z; V_x, V_y, V_z; t)$$

右边的分布函数 n 不仅包含我们前面提到的 $X, Y, Z; V_x, V_y, V_z$ 这 6 个变量，还包含一个时间变量 t，显然这表示分布函数是沿时间变化的。右边的两个 $\sum$ 符号表示将变量 $X, Y, Z; V_x, V_y, V_z$ 的所有值，即 (2) 和 (2') 的所有值加起来。加起来之后，左边的 H 成了一个只有时间变量 t 的函数。此外，此时对于分布函数 n 还有一个条件，即分子总数及其总动能是需要给定相应的值的。(5) 的右边包含位置速度分布函数 $n(X, Y, Z; V_x, V_y, V_z)$，因此不同的分布其 H 值也不同。

关于玻尔兹曼是如何推理出 $H(t)$ 的，我想大家也都非常感兴趣，但这个话题讲起来实在太长，只好忍痛割爱了。下面我们只讲一讲玻尔兹曼所得到的关于 $H(t)$ 的结论。

玻尔兹曼根据 (5) 的右边所包含的分布函数的沿时间变化满足玻尔兹曼方程这一性质，对左边的 $H(t)$ 的沿时间变化进行了计算，结果他证明 $H(t)$ 是一个沿时间递减而绝不会递增的函数。此外，$H(t)$ 存在极小值，且当该函数达到极小值时，分布函数就达到了平衡状态的分布，也就是麦克斯韦分布。

根据上述结论，无论初始状态下的分布函数为怎样的值，随着时间的经过都会逐渐趋于麦克斯韦分布，当最终达到这一分布时也就是达到了平衡状态。在这一过程中，$H(t)$ 不断减小，最终达到**极小值**。

热力学的观点认为，气体内部存在局部流动或密度、温度的不均匀时，随时间经过最终会达到密度和温度的均匀状态，此时熵会达到**极大**值[17]。玻尔兹曼的这一结论除了极大和极小的区别之外，与热力学的这一观点是完全对应的，因此玻尔兹曼断定，H 就是加了负号的熵。实际上，如果将麦克斯韦分布代入 (5) 计算 H 的值，就会发现结果与克劳修斯用热力学定律计算理想气体的熵的结果完全一致，只存在一个负的系数的差异。

而且，这个负的系数正是上一节第 167 页中引入的常数 k 加上一个负号，写成公式是这样的：

$$\text{熵 } S = -kH$$
$$= -k\sum\sum n(X, Y, Z; V_x, V_y, V_z) \log n(X, Y, Z; V_x, V_y, V_z) \quad (6)$$

其中常数 k 为 1.4×10^{-16}，是一个非常小的值[18]，这是因为相对于用热学单位来表示的熵 S，H 从其定义来看包含了分子数量 n 这一非热学的巨大数值[19]。

就这样，熵 S 与 H 函数之间的关系得以阐明，玻尔兹曼关于 H 函数的结论也吸引了许多人的目光，后来人们将这一结论称为 "玻尔兹曼的 H 定理"。

上面我们介绍了麦克斯韦和玻尔兹曼的工作，正如第 175 页中所提到的，早期的分子运动论中所包含的力学和概率论混用的特征，到此为止已经得到了一定的梳理。例如，在推广后的分布函数 (4) 的沿时间变化中，外力作用仅通过力学定律来确定，而只有针对碰撞的情

---

17. 参见第 140 页。
18. 根据单位体系不同，常数 k 的值也不同，当能量单位用尔格（erg），温度用绝对温度 K 来表示时，这个值为 1.4×10^{-16} erg/K。
19. 洛施密特常数的量级为 10^{19}。

况才使用概率论。然而，这一理论骨子里依然残留着力学定律与概率定律混用的特征，因此并没有完全消除对理论自洽性的疑问。实际上，有一些人对这一定理的证明的合理性提出了质疑，换句话说，就是质疑这一定理是否正确，并引发了许多争论。

洛施密特的质疑

其实，玻尔兹曼等人的论证确实是有弱点的，让麦克斯韦和玻尔兹曼注意到这一弱点的正是洛施密特[20]所提出的质疑。洛施密特是玻尔兹曼的好友，正如之前所提到的，他也是一位分子运动论的坚定支持者。他向玻尔兹曼提出，H 定理以及之前的玻尔兹曼方程的证明过程中可能存在错误。洛施密特的理由大概是这样的。根据力学定律，某种运动如果在其支配下发生，那么这一运动必然也可以逆向发生，即力学定律应该是可逆的。既然如此，那么如果存在令 H 减小的分子运动，也应该存在令 H 增大的分子运动。

对于这一质疑，玻尔兹曼是这样回答的。

H 定理或玻尔兹曼方程都不是仅根据力学定律推导出来的，而是同时运用了概率论。也就是说，在求分布函数的沿时间变化时，引用了概率论来处理由碰撞引起的变化。从这个意义上说，玻尔兹曼方程所计算的分布函数 n 只是一个概率论上的期望值，也就是 "最有可能的" 值。总之，玻尔兹曼方程是对分布函数 n 给定 "最有可能的变化"。因此，H 定理所主张的是，H 减小是最有可能发生的。根据玻尔兹曼方程，在发生若干次碰撞之后，分布函数逐渐趋于麦克斯韦

20. 就是我们在第 186 页中提到的那个洛施密特。

分布是最有可能出现的结果，而此时 H 函数达到极小值。根据概率论的定理，在经过非常多次碰撞之后，结果达到麦克斯韦分布的可能性是特别特别大的，但这绝不是说否定 H 增大的情况，只不过出现这种情况的可能性是特别特别小的。从这一点上来说，这一主张与力学定律的可逆性绝不是矛盾的。

这就是玻尔兹曼的回答。

实际上，我们在第 183 页中提到过 "总数的百分之几" 这样的说法，这里的百分比指的就是概率。此时，如果用总数乘以这个百分比，得到的结果不一定是整数。这个结果表示的只是一个期望值，即最有可能的数量。

然而，这个答案似乎带有一种概率论的模棱两可的气息，因此说服力也不怎么强。实际上，关于这个问题，直到 19 世纪 90 年代依然争议不绝，从 1894 年到 1895 年，很多著名学者相继在英国《自然》（*Nature*）杂志上发表文章，在世界顶级期刊的舞台上展开了一场大辩论。玻尔兹曼自己当然也发表过文章，他在文章中承认自己在 H 定理的证明以及之前的玻尔兹曼方程的证明过程中存在弱点。这意味着同时运用力学和概率论来计算分布函数变化的方法并不像他和麦克斯韦所相信的那样可靠。这场辩论十分精彩，从各种意义上说都非常值得一看，学者之间富有建设性的争论读起来也十分畅快，建议物理学生们都去读一读。

写给物理学生的注释：

这里之所以说 "不是那样可靠"，是因为我们在第 189 页的注释中提到的 "碰撞数假设" 对于达到平衡状态的气体是成立的，但普遍来看则是不成立的，这成为《自然》杂志上争论的一个焦点。对于"碰撞数假设"的分析，在埃伦费斯特夫妇（Paul and Tatyana Ehrenfest）于 1912 年发表的一篇题为《力学中统计方法的概念性基础》的论文中进行了详细的论述，在特哈尔（Dirk ter Haar）的《热统计学》一书中也有详细的介绍。

玻尔兹曼自己也注意到玻尔兹曼方程的推导过程中存在这一弱点，也许他也无法满足于这样的解释，因此在对洛施密特的质疑做出回应之后，玻尔兹曼开始尝试用完全不同的方法来推导热力学第二定律。在相关的论文中，玻尔兹曼没有去求 H 函数的沿时间变化，也就是说，不使用位置速度分布 $n(X, Y, Z, V_x, V_y, V_z)$ 的沿时间变化这一概念，而是直接计算气体中"最有可能"出现的分布函数是怎样的。结果玻尔兹曼发现，在所有分布中，麦克斯韦分布是"最有可能"的一种分布，他认为分布函数向"最有可能"的方向变化就是热力学第二定律的内容。

那么，玻尔兹曼到底是用怎样的论证方法来计算最有可能的分布函数的呢？从他的论文来看，概率论中很常见的排列组合计算发挥了很大的作用。从这一点来看，玻尔兹曼似乎是仅通过概率论计算出了分布函数"最有可能"出现的形态，而且这篇论文的标题《论热力学第二定律与概率计算及热平衡定理的关系》也充分体现了这一理念。

然而，仔细阅读这篇论文，并结合其中引用的玻尔兹曼的其他一些论文，我们可以发现，第 3 节开头所提到的他的"想法"从根本上发挥了重要的作用。这一想法（稍后讲解）最终凝结成为其著名的"各态历经定理"，这一定理为其概率论的方法提供了有力的补充。

综上所述，玻尔兹曼沿着麦克斯韦的路线前进了一段时间之后，最后又回归到自己当初的 "想法"。不过，我们不能认为玻尔兹曼在麦克斯韦的路线上前进的这一段时间是毫无意义的。

这是因为，如果没有麦克斯韦提出的分布函数的概念，玻尔兹曼的想法也只能停留在构想层面而已，很难继续发展下去。麦克斯韦所引入的统计局的方法，对于热的分子运动论是不可或缺的，而且对于玻尔兹曼的想法的发展同样是不可或缺的。关于这一点，我们将在后面介绍 "平均总时间" 时深入讲解。

因此，沿着麦克斯韦的路线前进，对于玻尔兹曼来说是一个必需的过程，有趣的是，这次轮到麦克斯韦被玻尔兹曼的想法所吸引了。接下来我们就来讲讲这个话题。

力学定律与概率

下面我们来讲一讲玻尔兹曼的想法，具体来说就是各态历经定理，但在具体展开这一话题之前，我们先来了解一下到底是热的分子运动论中的哪一点让玻尔兹曼回归到他最初的想法，这其中玻尔兹曼又经历了怎样的过程。我认为，了解这一过程不仅能够帮助我们理清玻尔兹曼理论的脉络，而且还能够帮助我们认识到与其他物理学领域相比，热学具有何等与众不同的特质。

首先，热的分子运动论中的哪一点让玻尔兹曼回归到他最初的 "想法" 了呢？一言以蔽之，就是因为力学定律与概率论的混用没有可靠的依据，他注意到他和麦克斯韦所信奉的概率论方法中存在一些疑点。我们在第 177 页中曾经提到，在产生这一 "想法" 的三年后，玻尔兹曼对其基础产生了怀疑，后来看了麦克斯韦的概率论方法又觉得似乎从中找到了一些依据。但是，洛施密特的质疑让玻尔兹曼觉得力学和概率论混用确实存在疑点，这使他感到 H 定理的证明过程中的确存在不足之处。下面我想先追随玻尔兹曼的心路历程，探讨一下牛顿力学与概率论之间的关系。

为此，请大家回忆一下第 170 页中提到的牛顿力学的特征。简而言之，就是 "在外力作用下，物体的运动状态可通过给定初始状态唯一地确定" 这句话。上述特征不仅适用于一个物体的运动，对于多个相互之间存在作用力的物体的运动也是适用的，这一点也请大家回忆一下。

具体来说，我们假设容器内的分子集团完全遵循牛顿力学定律，那么如果套用上述特征，即在某个时间点给定某种初始状态，则根据上述特征，集团中每个分子的运动都可以唯一地确定。例如，分子 A 和分子 B 在何时何地从哪个方向以多大的速度发生碰撞，以及碰撞之后它们的速度发生怎样的改变；分子 A 在何时何地从哪个方向以多大的速度与容器壁发生碰撞，随后朝哪个方向以多大的速度反弹，以及对容器壁在何时何地产生多大的冲击力，等等，这些应该都是可以通过牛顿力学定律唯一确定的。

因此，如果分子运动完全遵循牛顿力学，那么在这里就完全没有概率插足的余地。既然如此，第 173 页中分子运动论的先驱们用 "概率" "最有可能" 这些说法所引出的假设，都不应该被冠以概率论的名义，而是应该始终通过力学推导来进行证明才对。因此，在讨论分子运动论时，同时使用力学定律和概率定律的方法到底能不能自洽呢？产生这样的疑问也是再正常不过了。

分子运动论的学者们当然也知道上面这些问题，但是分子运动论的研究对象是不计其数的分子所组成的集团，要描述它们的运动，所涉及的未知数，也就是表示分子位置和速度的变量实在太多了。于是，在确定物体运动时，随着未知数的增加，要解的力学微分方程[21]的数量也会相应增加，而且还都是非常复杂的方程组。因此，对于容器内的分子集团，要确定何时何地发生怎样的运动，我们就必须面对不计其数的方程组，直接解这些方程组是不可能的，所以无奈之下，必须得想一个取巧的方法才行。

遇到这种情况，物理学家经常使用这样一种取巧的方法，就是先凭直觉对未知数做出一些假设，以此来减少未知数的实质数量，当未知数足够少时就可以解方程组了。这种取巧的办法要想成功，物理学家的直觉就必须得准，至少这个直觉近似地不能与已知的物理定律产生矛盾。当然，优秀的物理学家的直觉都挺准的，因此往往能够得出正确的（或者十分近似的）答案。

分子运动论的学者同时使用力学定律和概率论，也可以看成是这样一种取巧的方法，其中他们凭直觉找到的手段正是对概率论的引用，并由此将问题分解为凭直觉做出假设的部分，以及对化简后的力学问题进行求解的部分。因此这里的问题是，概率论与牛顿力学定律到底是不是矛盾的。

不过，在这里我们也许根本用不着花那么大力气去解这些力学方程。因为分子运动论中所需要的运动信息量，可以远远少于力学方程的解所具有的信息量。例如，在根据容器内气体的分子运动推导波义耳和盖–吕萨克定律时，我们其实不需要知道容器壁的哪个位置被哪个分子碰撞、什么时候产生了多大的冲击力这种详细的信息，而是只需

---

21. 参见第 65 页和第 68 页的内容。

要知道单位时间内容器壁的单位面积所受的冲击力的总和就可以了，并不需要知道这一冲击力是由哪个分子于何时何地产生的，也不需要知道每一份冲击力的大小。也就是说，我们只需要相对粗略的信息就足够了。

因此，热学所关心的问题本来就不需要如此详细的信息。那么这一事实又是从何而来呢？在热学中，用于测量一些重要的量，如温度、压强等量的实验装置，也就是压强计和温度计，都没有灵敏到能够对单个分子的运动做出响应。但是，尽管这些仪器不灵敏，但我们并不是在贬低它们。相反，热学正是利用了这些仪器的不灵敏性，才得以直接测量出冲击力的总和以及分子运动的平均动能，而不是每一份冲击力以及每一个分子的动能。也就是说，这样的不灵敏性对于热学所关心的问题来说是最合适的。因此，我在后面还会经常提到 "不灵敏" "粗略的信息" 这样的说法，但这些说法都不含任何贬义，请大家不要忘记。

当然，对于某些问题来说，我们还是需要更详细一些的信息才行。例如在研究气体扩散问题时，我们需要研究不均匀的分子密度如何演化成均匀的密度，这就需要求出容器内各个位置上分子密度的时间和空间变化，而要讨论这一变化，就必须知道容器内各个位置上分子的速度分布。于是，问题就变得非常复杂了。对于气体的热传导以及内部摩擦问题，其复杂程度也是一样的。

但即便在这种情况下，我们也可以乐观地推断，也许我们并不需要详细到运动理论那个程度的信息。这是因为在这种情况下，我们也可以通过不灵敏的仪器得到与理论相当的实验事实。例如，我们说在某个时间点用密度计测量某个位置上气体的密度，实际上测量的也只是某个有限的时间段内、某个有限空间内气体的平均密度。因此，我们可以乐观地推断，要解释通过这样的仪器测量的结果，我们并不需要严格的运动理论所包含的那种详细的信息，而是只需要粗略的信息就足够了。

从这一点来看，大家应该就能理解我在第 195 页中所说的 "麦克斯韦所引入的统计局的方法，对于热的分子运动论是不可或缺的" 这句话的意思了吧。也就是说，热学中使用的测量仪器是不灵敏的，因此在分子运动论中并不需要关心诸如分子的准确位置、速度这样的详细信息，对于位置和速度的值，我们只关心它们位于某个宽度为 Δ_l 和 Δ_v 的域内这样的粗略信息。此外，我们也不关心位置和速度属于哪个具体的分子，而只需要关心具有相应位置和速度的分子一共有多少个这样的粗略信息。之前我们在第 195 页中提到的热学与众不同的特质，指的就是这种只关心粗略信息的性质。

出于上述原因，分布函数的方法完美贴合了热学的要求，因此我们可以用这一方法推导出分子集团所具有的诸多热学性质。引入这一方法的麦克斯韦，以及后来的玻尔兹曼等人所获得的丰富成果也印证了上述观点，通过这些成果我们可以相信，只要得到了分布函数，就能够计算出分子集团的所有热学性质。

不过在这里值得注意的是，为了得到分布函数这一粗略信息，我们在推导过程中有可能会需要某些详细信息。也就是说，如果这一担心是真的，那么要想得到热理论所必需的粗略信息，最坏的情况下我们不得不直接解力学方程；相对地，如果这一担心是多余的，那么最好的情况下，我们可以凭直觉通过取巧的方法，无需解力学方程，从头到尾只需通过一系列数学操作就可以得到我们想要的信息。

玻尔兹曼的立场正是后者。实际上，他在推导 H 定理的论文开头，首先就为在热的分子运动论中使用概率论进行了辩护，同时又表示在这里使用概率论必须具备可靠的基础。

接下来，玻尔兹曼写道：

在热的分子运动论中，在相当长的时间内，一个分子处于某个给定状态的时间是总时间的几分之一，所有分子中有百分之几在同一时间同处于某个给定状态，等等，这些称为状态的"概率"，扮演着重要的角色。

接着，对于其中所说的几分之一的时间、百分之几的分子，玻尔兹曼和麦克斯韦试图通过分布的概念去处理，但由于无法对分子的运动方程求解，因此并没有得到一个完整的答案。

不过，玻尔兹曼接下来说了一段十分值得注意的话，他说：

然而，深入研究后发现，不需要直接解运动方程，从运动方程的形式即可直接推导出上述"概率"，应该说并不是没有这样的可能性。

这说明当时在他心里已经浮现了最初的那个"想法"，而他所说的"可能性"，指的是对于"概率"这一模棱两可的词语所描述的东西，也许是可以用通过运动方程的形式直接推导出来的力学概念来表达的，这是一种乐观的看法。尽管过程迂回曲折，但更多的人逐渐开始对这一想法的方向抱有期许。

最早明确肯定地表示对这一方向抱有期许的，并不是玻尔兹曼自己，恐怕应该是麦克斯韦。我在第 195 页中曾提到，麦克斯韦被玻尔兹曼的想法所吸引，恐怕他在与玻尔兹曼几乎相同的时间，通过洛施密特的质疑注意到了自己理论的弱点，但玻尔兹曼自己的 "并不是没有这样的可能性" 这样的说法尚且比较模棱两可，而且后来他也没有对自己的想法抱有足够的信心，更没有去对其进行完善，而此时麦克斯韦却对玻尔兹曼的 "想法" 进行了深入的探讨，并将其推广，以十分完善的形式发表了出来。这一时间是在 1879 年，也就是玻尔兹曼第一次提出其想法的十年后，论文的标题是《论关于点状物体系统中能量平均分布的玻尔兹曼定理》，在论文的开头麦克斯韦就提出了玻尔兹曼的想法，并提出：这一具有根本重要性的问题，是值得从各个方面仔细推敲和检查的，尤其重要的是，这一过程能够使得更多的人领会其要义，并了解由此所建立的假设。随后，麦克斯韦还强调，和过去的方法不同，这一想法不仅适用于气体，而且还适用于液体和固体。

另一方面，对于自己的想法被麦克斯韦以如此明确、有条理且优美的形式表述出来并进行了推广，玻尔兹曼感到十分喜悦，他还在维也纳的皇家科学院对此进行了详细的介绍。这一介绍后来被翻译成英文传回英国，刊登在《哲学杂志》（*Philosophical Magazine*）上。

麦克斯韦因此成为了玻尔兹曼的知音和合作者。但不幸的是，"大多数人" 还没来得及阅读他的论文，他就在论文发表当年的年底因病去世了，死因是癌症。

刚才我们稍微说了一些题外话，现在让我们重新回到正题。我们在第 195 页中曾提到，热的分子运动论中哪一点需要玻尔兹曼的这一

"想法"，以及他又是经历了怎样的过程最终回归到这一想法的，上述这些内容能够帮助我们认识到热学与众不同的特质。关于这一话题，我们在第 195 ~ 200 页中进行了介绍，下面我们来对这些内容进行一下总结。

第一，关于分子运动，热的分子运动论所需要的信息可以远比直接解运动方程所得到的信息更加粗略，这体现了热学是一种建立在测量仪器的不敏感性之上的理论这一特质。

第二，从引入分布函数这一思想的麦克斯韦，以及后来的玻尔兹曼的成果来看，这些粗略信息应该是完全包含在分布函数中的。

第三，那么，要得到这样的分布函数，能不能不直接解运动方程，且避免对概率论进行模棱两可、容易出错的运用，而是直接通过运动方程的形式本身求出呢？这一愿望使得玻尔兹曼回归到他最初的"想法"，并在 H 定理的论文中写下了我们在第 200 页介绍的那段话。

平均总时间（停留时间）

下面我们来具体看一看玻尔兹曼的这一"想法"[22]，不过在此之前还需要进行一些铺垫。我们在第 195 页中曾提到，麦克斯韦所引入的统计局的方法对于发展玻尔兹曼的想法是不可或缺的，当时我们约好要详细解释这一点。此外，通过这些铺垫，我们也能够理解"从运动方程的形式直接推导出概率，应该说并不是没有这样的可能性"这一玻尔兹曼的愿望到底是以怎样的形式实现的。换句话说，我们能

22.也就是麦克斯韦论文标题中的"玻尔兹曼定理"。

够理解，分子运动论中用 "概率" 这一模棱两可的说法所表述的东西，到底是以怎样的形式用力学概念来表述的。

那么下面我们就先来介绍一些铺垫性的话题。首先请大家回忆一下玻尔兹曼在 H 定理的论文开头所说的内容，也就是我们在第 200 页中引用的内容，即 "在相当长的时间内，一个分子处于某个指定状态的时间是总时间的几分之一"，这就是分子运动论中所谓的 "概率"。请大家注意，接下来要介绍的内容，都是围绕这一思想展开的。

为了更容易理解，我们举一个最简单的例子，也就是若干点状物体在存在相互作用力的情况下进行运动的问题。方便起见，我们将这种物体称为 "分子"。这些分子之间存在相互作用力，也可以受到来自外界的作用力，但这些作用力中不包括摩擦力。而且，所有的分子都是同种的，也就是说它们具有相等的质量，相互作用力也是彼此相等的，受到的外力也是彼此相等的。我们已经多次提到过，只要给定了初始状态，分子的运动就可以根据力学定律来确定，这意味着对于任意时间点，我们都可以确定所有分子的位置 x, y, z 和速度 v_x, v_y, v_z。

接下来，我们选取一个第 188 页中提到的位置和速度域 $X, Y, Z; V_x, V_y, V_z$。于是，每个分子的位置和速度，在运动过程中会有某段时间是位于这一域中的，而在其他时间则是位于这一域外的。而且，对于每个分子来说，什么时候位于域中，什么时候位于域外，什么时候又回到域中……即对于分子位于域中的时间和位于域外的时间，应该都是可以根据力学定律详细确定的。也就是说，我们可以建立一个分子在域中和域外的时间表。

确定了每个分子的上述时间表，我们就可以据此建立该域中不包含任何分子的时间表，也可以建立该域中仅包含 1 个分子的时间表，以此类推，还可以继续建立包含 2 个分子的时间表、包含 3 个分子的时间表。换句话说，对于域中分子数量为 $0, 1, 2, \cdots$ 的情况，我们可以分别建立其相应的时间表。

这里的时间表不包含域中的分子到底是哪个具体的分子这一详细的信息，因此其包含的信息量要少于我们一开始说的每个分子的时间表。也就是说，这是一种粗略的信息，但这种粗略信息依然是有用的。下面我们用一个具体的类比来解释一下。

首先，我们将刚才的物理问题中的 "分子" 换成 "人"，将 "域" 换成 "房间"，将 "位于域中的" 换成 "正在使用房间的"。于是，我们的问题就变成了会议室使用时间表的问题。因此，我们刚才所说的粗略信息，指的就是会议室什么时候没人用、什么时候有 1 个人用、什么时候有 2 个人用……这样的一张时间表。这一时间表对于会议室管理员是非常有用的。

根据这一时间表，管理员可以知道对于某一场会议，应该准备几把椅子、几个烟灰缸、几杯茶水，但管理员不关心来开会的人具体是谁。

既然我们提出了这样一个类比，那么不妨再继续讨论一下。对于房间的使用情况，还有一种更粗略的信息也很有用，这就是 "总时间"。

为了解释这个概念，我们先任意设置一个较长的周期，并将其记为 T，现在暂且假设 T 为一个月。于是，我们可以计算出，在这一个月里，房间没人用的总时间、房间有 1 个人用的总时间、房间有 2 个人用的总时间……即在一个月里，对于使用房间人数为 0, 1, 2, · · · 的情况分别计算其 "总时间" [23]。这一总时间对于管理员来说也是非常有用的。

例如，将人数为 1, 2, 3, · · · 的月总时间相加，我们就可以计算出一个月里面房间有人使用的总时间，将这个时间乘以 12 就可以推算出一年的房间租金收入，当然，前提是租金只与时间有关，跟人数无关。此外，人数为 1 的月总时间的 1 倍，人数为 2 的月总时间的 2 倍，人数为 3 的月总时间的 3 倍……把上面这些加起来就可以得到月总人数，据此可以推算出每个月要买多少茶叶。在这样的计算中，我们不需要知道具体是谁在什么时候使用房间。

刚才我们计算了一个月的总时间，当然，如果要计算三个月的总时间也没什么不可以。因此，相对于总时间来说，用总时间除以周期 T 所得到的 "周期 T 的平均总时间" [24] 使用起来更加方便，因为无论是一个月还是三个月，这个平均值差不多都是相等的，也正是出于这个原因，我们才可以通过一个月的平均总时间来推算一年的总时间。但是，如果这个周期太短，其中开会的次数太少，那么这个平均值可能就会根据该周期中会议的次数发生很大的波动，根据这样的平均值来制定一年的预算就很危险。

现在我们知道，根据需要的不同，各种各样的信息都能够发挥作用。下面请大家带着这一思路，重新思考一下我们的物理学问题。

---

23. **写给物理学生的注释**：这里所说的 "总时间"，在热的分子运动论中称为 "停留时间"。在分子运动论中，我们讨论的问题是一个分子在某个域中停留多长时间，因此称为 "停留时间"。

24. 这个量其实不包含时间维度，只是出于方便我们才起了这样一个名字。

对于我们的分子集团来说，热学的立场就像是上述类比中的管理员。正如我们在第 199 页中所提到的，对于分子的速度和位置，我们只要知道它们位于某个宽度为 Δ_t 或 Δ_l 的域中，且知道其中分子的数量就可以了，不需要知道位于域中的具体是哪个分子。这一点来自于热力学是建立在仪器不灵敏性基础之上的这一本性，以及所有分子是同质的，仪器对此不做区分这一前提。

这里所说的不灵敏性，在现象的沿时间变化中也有所体现，我们所关心的不是某个现象具体从何时开始到何时结束，而是只关心在某个周期 Δ_t 内该现象发生的总时间，或者说是 "周期 Δ_t 的平均总时间"。例如，压强是分子碰撞的表现，而如果知道 Δ_t 周期内冲击力的平均总时间，我们就能够据此计算出压强计的读数。

从热学的立场上看，我们只关心这样的粗略信息，但正如我们在第 200 页中所提到的，要想得到这样的粗略信息，是不是必须要直接解力学方程呢？也就是说，我们之前所讲的方法，其实都是在根据力学定律确定详细信息的基础上来计算出粗略信息的，那么除了这条路之外，我们能不能根据力学定律直接推导出所需的粗略信息呢？这一点正是玻尔兹曼的真正意图。

要讨论这个问题，我们还需要对刚才的内容做进一步的推广。刚才我们只是选取了一个 $X, Y, Z; V_x, V_y, V_z$ 域来进行讨论，现在我们要把剩下的所有域也考虑进去。也就是说，我们的分子集团中，分子之间存在相互作用力，那么我们在讨论一个域中的分子运动时，就不能不考虑其他域中分子的情况。因此，即便我们只需要粗略的信息，也无法在与其他域无关的情况下对某一个域进行讨论。

于是，我们现在有根据各种不同的 $X, Y, Z; V_x, V_y, V_z$ 值所确定的域 A,B,C,⋯。首先，我们来思考以下问题：设域 A 中有 $n(A)$ 个分子，且域 B 中有 $n(B)$ 个分子，且域 C 中有 $n(C)$ 个分子……则相应的 "周期 Δ_t 的平均总时间" 是一个怎样的值？显然，对于 $n(A), n(B), n(C),\cdots$，只要满足其总和等于分子总数这一条件，则可以为包括 0 在内的任意一组整数，那么我们所要做的就是对任意一组整数求平均总时间。

相信大家已经明白，在这里如果我们只考虑一个域，比如说只考虑 A 域，而不考虑其他的域，那么这就是刚才我们讨论过的那种情况；如果我们考虑 A,B,C,⋯ 所有这些域，那么 $n(A), n(B), n(C),\cdots$ 的组合正是代表了位置速度分布。于是，在后者的情况下，我们所要做的正是对所有的位置速度分布分别求出各自的平均总时间。

以各态历经性为支点

到这里，我们已经完成了一些必要的推广，下面我们就来讲一讲玻尔兹曼的想法。玻尔兹曼发现：

如果假设集团中的分子运动具有各态历经性[25]，则可以根据力学定律推导出关于其位置速度分布的平均总时间的一个基本定理。

如果这一定理成立，那么我们就可以在不需要直接啃那块硬骨头的情况下，计算出各个分布的 "平均总时间"。

这个定理在热的分子运动论中扮演了核心角色，随着对其重要性的不断认识，人们将其命名为 "玻尔兹曼的各态历经定理"。遗憾的

25. 关于各态历经性，我们将稍后在第 210 页中进行解释。

是，我们无法在这里介绍这一定理的详细内容，因为这些内容必须用高等数学公式才能解释清楚。但是，在抛开数学的情况下，我们也许可以讲一讲这一定理的逻辑结构，我也不知道能不能真的讲清楚，姑且试试看吧。

首先，我们看下面这个话题。"总时间" 这个量，从诞生的背景来看，它是一个与分子运动有关的力学概念。也就是说，正如我们在第 203～207 页中所介绍的，这一概念的引入是与分子集团在运动的过程中进出某个域的时间表相关的。既然它是一个与运动相关的量，那么随着初始状态的不同，它的值应该也会不同。

如果我们假设运动具有各态历经性，那么对于这个力学的总时间，我们便不需要计算每个分子的运动过程，只要确定了分子集团的能量函数 [26] 的形式和值，就可以仅由此计算出与之相当的值，在各态历经定理的证明过程中也给出了其计算方法。在这里，关于 "只要确定……计算出与之相当的值" 这句话，具体来说就是："对于周期 T 的平均总时间，只要 T 取一个足够长的周期，则无论任何值，只要确定了能量函数的形式和值，就可以仅由此计算出来。" 刚才我们提到，这一定理给出了计算的数学过程，在这里，由各态历经性的假设前提推出这一结论的过程，毋庸置疑是在力学定律的基础上进行的。

上面就是各态历经定理的逻辑结构，不知道大家有没有看明白。根据这一定理，我们可以推出如下结论，即对于足够长的周期 T，无论初始状态如何 [27]，其平均总时间都为某个确定的值，与初始状态无关。

---

26. 集团的能量取决于其中所有分子的位置和速度，因此它是一个关于位置和速度的函数。（**写给物理学生的注释**：在解析力学中称为哈密顿函数。）
27. 但前提条件是必须给定分子集团的能量值。

这里尽管我们说 "与初始状态无关"，但在各种初始状态中，显然存在一些初始状态所产生的运动不具备玻尔兹曼的各态历经性，因此我们在这里先排除了这部分情况。此外，对于足够长的周期 T 的平均总时间，我们以下简称为 "长期平均总时间"。

那么哪些初始条件是需要被排除的呢？其中一个例子就是上一节的第 171 页中提到的情况，即将分子集团装入一个内壁完全光滑的，且为完全立方体的容器中，然后对其中的所有分子给定初始状态，使它们准确按照与两侧壁面垂直的方向运动，这种情况就是需要排除的，因为玻尔兹曼认为这一初始条件所产生的运动不是 "各态历经的"。

之所以要排除上面这种初始状态，是因为由此产生的运动与其他一般的运动相比太过于特殊。在这种运动中，所有的分子都只在两个壁面之间做往复运动，速度的方向永远垂直于这两个壁面，而不会发生其他变化，相对地，一般的运动中速度存在各种不同的方向，而且，这一差异在经过很长时间之后依然存在。对于一般的运动，经过很长时间之后应满足关系式 (甲)，而对于这种特殊的运动，只能满足 (甲′) 和 (甲″) 这两个完全不同的关系式。这就是这种初始状态需要被排除的原因。

上面介绍的这个需要被排除的初始条件，其实能够帮助我们从反面解释各态历经的含义。

在之前的第 203 页中我们曾提到，根据力学定律，在给定初始状态的情况下，我们可以确定任意时间点上分子的位置 x, y, z 和速度 v_x, v_y, v_z。此时，根据力学定律所确定的所有这些 $x, y, z; v_x, v_y, v_z$ 的值，应该满足使分子集团总能量守恒的条件。反过来说，对于

$x, y, z; v_x, v_y, v_z$，在由某一个初始状态所确定的一系列运动的过程中，是否一定能够遍历使总能量守恒的所有值呢？答案是否定的。

毕竟，我们刚才提到的那个特殊的例子就明显给出了否定的答案。在这种情况的运动中，所有分子的速度方向只可能是与壁面垂直的，而不会出现其他的方向。但反过来说，如果只需要满足总能量守恒的条件，那么每个分子的速度大小和方向可以各不相同。因此，对于刚才的问题，这个例子确实给出了否定的答案。

但是，这种初始状态不仅非常特殊，而且对总体趋势毫无影响。也就是说，正如我们在第 171 页中所提到的，在这个例子中，哪怕给定的初始速度的方向比垂直于壁面的方向存在一点点偏差，都会导致分子产生相互碰撞，最终导致出现各种方向和大小的速度。从这个意义上看，这种特殊的初始状态，相对于其周围的一般初始状态来说，只不过是一个孤立的点，对于整体趋势是完全没有影响的。

基于上述原因，玻尔兹曼提出：

对于分子集团来说，在某个给定的时间点，在除上述特殊的孤立的运动之外的一般的复杂运动中，在满足总能量守恒的条件下，各个分子的位置和速度将遍历所有可能的值，即遍历满足总能量守恒的所有 $x, y, z; v_x, v_y, v_z$ 的值的组合。

在 1887 年发表的论文中，玻尔兹曼将这一运动称为"各态历经的"[28]（注 I）。然而，尽管玻尔兹曼试图通过实例来证明这种运动的存在，但这些努力都没能成功，更令人沮丧的是，20 世纪有数学家

---

28. 各态历经（ergodic）一词是玻尔兹曼创造的，由希腊语的"功"（ἔργον）和"路径"（oδός）两个词组合而成。

证明，从运动方程的数学结构来看，这种各态历经的运动是不存在的（注 II）。

（注 I）写给物理学生的注释：

设分子的总数为 N，假设现在有一个可以用一个点（代表点）来表示所有分子的 $x, y, z; v_x, v_y, v_z$ 的一个 $6N$ 维的超空间（相空间），则可满足分子集团总能量为某个定值 E 的所有代表点，可以在这个超空间中形成一个超曲面 S_E。代表点会随时间在 S_E 上移动，经过足够长的时间后，这个点将会均匀地遍历超曲面 S_E 上的所有位置。这就是玻尔兹曼所说的各态历经性。

如果这一理论成立，对于任意的某个作为分子集团 $x, y, z; v_x, v_y, v_z$ 的函数的物理量 A，求其沿时间变化的"长期平均"，相当于将 A 看成是上述超空间上的函数，求超曲面 S_E 上的平均（相平均）。这就是各态历经定理的内容。

（注 II）

不过，在很久之后的 1932 年，一位叫伯克霍夫（George David Birkhoff，1884—1944）的数学家发现，如果将"可遍历所有 $x, y, z; v_x, v_y, v_z$ 的值"这一条件替换成另一个条件，就可以在符合运动方程数学结构的前提下，使我们在第 207 页中介绍的各态历经定理得以成立。

因此，即便玻尔兹曼所说的那种各态历经性被否定，但相应地，在伯克霍夫的假设条件下，当给定能量函数的形式和值时，我们则可以用各态历经定理中所提出的数学步骤，计算出长期平均总时间。这一发现是非常重要的，而与此同时，我们可以说，玻尔兹曼的想法能够猜中这一正确的方向，也是很不容易的。

遗憾的是，我们无法在这里解释伯克霍夫的条件以及计算长期平均总时间的具体数学步骤。因为这一条件的发现，依赖于"测度论"这一波尔兹曼时代尚不存在的数学工具。因此，无论是伯克霍夫的条件，还是计算长期平均总时间的数学步骤，都必须用这一新的数学语言才能够表达。实际上，伯克霍夫及其他一些数学家用这一新的数学工具对各态历经定理进行证明，也就是距今半个世纪之前的事[29]，在那之前，对于数学家们来说时机还尚未成熟。

尽管很多物理学家相信玻尔兹曼的这一想法是正确的，但直到伯克霍夫及其他数学家的成果出现之前，在很长一段时间内，这一想法都未能得到充分的数学证明，一直处于一个悬而未决的状态。在这个例子中，物理学通过新的数学工具获得了更加确切的基础。

就这样，在与力学定律不产生矛盾的前提下，各态历经定理得到了证明，由此我们得到了计算位置速度分布的长期平均总时间的数学步骤，这样就可以在无需对每个分子的详细运动状态进行计算的情况下，通过这一定理直接得到适用于热学立场的粗略信息，也就是长期平均总时间。

然而，在这里我还想提一点。我们在第 208 页中曾经提到，长期平均总时间原本是一个力学概念，而另一方面，它与概率论中的"概率"所起的作用非常相似。

关于这一点，让我们再次请出之前那个类比中的管理员。管理员通过将人数为 $1, 2, 3, \cdots$ 的"平均总时间"加起来推算出房间租金收入，或者用这些平均总时间乘以各自的人数来推算平均总人数，从而推算应该采购多少茶叶，这里所用到的计算其实和概率论非常类似。

---

29. 本章内容撰写于 1978 年。——译者注

也就是说，如果将这些计算中的 "平均总时间" 替换成 "概率"，就可以得到概率论的定理。

例如，如果将没人使用房间的平均总时间、1 个人使用房间的平均总时间、2 个人使用房间的平均总时间……全部加起来的话，结果就等于 1，这相当于所有可能出现的情况的概率之和为 1。再例如，在推算房间租金收入的时候，我们是将没人使用房间的平均总时间排除之后，将其他的平均总时间加起来，这相当于概率论中 "几种情况中**发生任意一种情况**的概率等于各个情况单独发生的概率之和" 这一定理。此外，通过平均总时间计算平均总人数的步骤，与概率论中通过概率计算期望值（平均值或者最有可能的值）的步骤是**一模一样的**。

上述结论并不是单纯从类比的例子中类推出来的结果。例如，当给定各种位置和速度分布的长期平均总时间时，我们就可以据此计算出分子集团对容器壁所产生的冲击力的总和，也就是相当于计算出压强，这一计算过程与我们在类比中提到的计算采购多少茶叶一样，与概率论中计算期望值的过程是十分相似的。

还有一点可以说明上述结论不是单纯的类推，而是有其依据的，这就是通过各态历经定理计算长期总时间的步骤中的数学结构，与概率论的数学结构是十分相似的。

在之前的第 207 页和第 211 页中我们已经反复提到，运用各态历经定理，我们就可以在无需计算每个分子的详细运动状态的情况下，更直接地计算出长期平均总时间。在计算各种量的期望值（平均值或者最有可能的值）时，除了管理员所使用的方法——利用长期平均总时间这一具有概率功能的值来进行计算的方法——之外，还可以直接通过能量函数及其值来计算出期望值。在这种方法中，作为基础的能量函数及其值，都是不随时间变化的，因此这一计算完全不包含时间的因素，与一般的概率论中计算平均值的步骤十分相似。因此，各态历经定理的核心部分中已经包含了这一概率论的结构，而长期平均总时间所具有的概率论特质正是这一点的表现。也就是说，长期平均总时间不仅在功能上可以看成是概率，在结构上同样也可以看成是概率。

作为如实反映各态历经定理的核心所具有的概率论结构的一个例子，我们来介绍一下在第 194 页中所引用的论文《论热力学第二定律与概率计算或热平衡定理的关系》中玻尔兹曼所给出的计算过程。在这篇论文中，玻尔兹曼还没有明确提出各态历经这个词，但他所使用的方法正是通过各态历经定理求长期平均总时间，具体来说，就是我们在第 206 页中介绍的，对所有位置速度分布求各自长期平均总时间的计算。在这一计算中，正如我们在第 194 页中所提到的，概率论中常用的排列组合计算扮演了核心角色，而这一点正如实反映了通过各态历经定理计算长期平均总时间的方法具有与概率论何等相似的数学结构。

玻尔兹曼在很早的时候（1868 年），即本节开头介绍的那篇论文中最值得关注的第 5 页中，就已经注意到了"平均总时间"这一概念的重要性。此外，他不仅知道这一概念具有概率的功能，更是根据这一性质将其直接称为"概率"。这一点体现在第 200 页和第 202 页中介绍的玻尔兹曼所说的"处于某个给定状态的时间是总时间的几分之一称为概率"这句话中，而且，后来被称为各态历经定理的内容在此时也已经初见端倪了。

就这样，在与力学定律不产生矛盾的前提下，各态历经定理得到了证明，玻尔兹曼的想法也因此被赋予了生命。这一想法以及各态历经定理都是可以广泛成立的，我刚才的介绍都是以具有相同质量的点状物体集团这一非常特殊的设定为前提的，但显然，这只是为了方便而已。只不过，要将这一理论进行推广，就需要将 $x, y, z; v_x, v_y, v_z$ 这些力学变量进行推广，并相应地将位置速度分布这样的概念也进行推广。所谓推广，就是要将 $x, y, z; v_x, v_y, v_z$ 替换成高等力学中的广义坐标和广义动量[30]，这一工作已经在第 201 页所提到的那篇论文中由麦克斯韦完成了。此外，还需要指出的是，玻尔兹曼的想法，以及其具体化之后的广义各态历经定理，不仅适用于气体分子集团，对于液体和固体状态的分子集团，也是可以主张其正确性的。

就这样，经过一个漫长而复杂的过程，玻尔兹曼的想法终于凝结成为各态历经定理，对于我们在第 200 页和第 202 页中所提到的玻尔兹曼的那句话，即："不需要直接解运动方程，而是从运动方程的形式即可直接推导出上述概率，应该说并不是没有这样的可能性。" 如果我们将其中的 "概率" 换成 "长期平均总时间"，将 "运动方程的形式" 换成 "能量函数的形式及其值"，那么这句话就可以走出 "可能性" 的范畴，成为一个确切的事实。也就是说，玻尔兹曼的目标到底是以怎样的形式实现的，用 "概率" 这一模棱两可的说法来表述的东西又是如何转换为力学概念的，对于上面这两个问题，答案就是 "长期平均总时间" 这一力学概念。

---

30. **写给物理学生的注释：** 准确来说应该是哈密顿力学中的正则坐标和共轭动量。

对洛施密特的质疑的解答

到这里，大家一定会觉得有疑问。玻尔兹曼对于洛施密特的质疑的回答，即 H 定理并不是仅由力学推导出来的，而是同时使用了概率定律才推导出来的，因此即便 H 函数表现出不可逆性，与力学定律也不矛盾。那么这个回答又是怎么一回事呢？

要解答这个疑问，我们就需要回忆一下玻尔兹曼对洛施密特的回答，然后对其中的每一句话用各态历经定理的语言重新进行解释。

首先，我们在第 192 页中提到，玻尔兹曼提出，由玻尔兹曼方程计算的分布函数 n 是一个概率论中的期望值，也就是 "最有可能的值"，于是玻尔兹曼方程就代表分布函数 "最有可能的" 变化。因此，H 定理的意思是，H 减小就是这个 "最有可能的变化"。

接下来，玻尔兹曼又提出，玻尔兹曼方程说的也是同一回事，即在经过若干次碰撞之后，分布函数趋于麦克斯韦分布是 "最有可能的"，此时 H 函数趋近于极小值。而且，根据概率论定律[31]，在经过极其多次碰撞之后，上述情况是 "可能性特别特别大的"，但并不意味着否定 H 增大的情况，只不过这种情况是 "可能性特别特别小的"而已。从这一点上看，这一结论与力学定律的可能性之间并不矛盾。这就是玻尔兹曼的回答。

在第 194 页中我们提到，对洛施密特做出回答之后，玻尔兹曼自己又进行了实际的计算，发现在所有分布中麦克斯韦分布是 "最有可能的"。这一计算过程乍看之下算的是概率，但正如我当初所预告的一样，其实这一计算背后正是各态历经定理，其中玻尔兹曼所说的

---

31. 通常称为 "大数定律" 或者 "中心极限定理"。

"概率"，可以换成 "长期平均总时间"，于是对于 "在所有分布中，麦克斯韦分布是最有可能的" 这一结论，我们也可以这样表述："在所有分布中，麦克斯韦分布具有最大的长期平均总时间。"

玻尔兹曼不但主张麦克斯韦分布是最有可能的，而且主张这一分布的 "可能性特别特别大"。然而，玻尔兹曼并没有对此给出实际的证明，这一证明是在很久之后，由英国物理学家金斯（James Hopwood Jeans，1877—1946）于 20 世纪初完成的。这一证明是以各态历经定理为基础的，因此玻尔兹曼从概率的角度所说的 "在所有分布中，麦克斯韦分布的可能性特别特别大"，实际上可以说成是 "在所有分布中，麦克斯韦分布所具有的长期平均总时间特别特别大"。

对于最后的这种表述，我们还可以说得更准确一点，即 "在所有分布的长期平均总时间中，麦克斯韦分布及与之十分接近的分布几乎占据了全部份额"。如果将所有分布的长期平均总时间加起来，结果应该等于 1，因此 "几乎占据了长期平均总时间的全部份额" 就意味着麦克斯韦分布以及与之**十分**接近的分布的长期平均总时间之和几乎等于 1，反过来说，除上述分布之外的其他分布的长期平均总时间几乎为 0。

像这样，我们用另一种方式对玻尔兹曼的观点进行了表述，但在前面的介绍中，我是将这一观点作为关于分布函数的观点来进行表述的，比如说 "在所有分布中" "与麦克斯韦分布**十分**接近的分布" 等等。但我们在第 190 页中提到，各种分布都具有各自不同的 H 值，此外在第 191 页中提到，H 值可以通过关系式 (6) 与熵 S 建立关联。因此，上述关于分布函数的观点，只要换一种说法，就可以表述为关于

H 值或者 S 值的观点。例如，可以将 "在所有分布中" 说成 "在所有 H 值（S 值）中"，将 "与麦克斯韦分布**十分接近**的分布" 说成 "与极小的 H 值（极大的 S 值）**十分接近**的 H 值（S 值）"。

在 H 值和 S 值两种表述方法中，正如我们在第 191 页中所提到的，S 值是可以用热学单位来进行测量的，因此在讨论诸如 "**十分接近**的值" 这样的问题时，我们可以直接通过热学实验直观地判断这个值是不是接近，从这一点上来看，用 S 值比用 H 值要更加方便。例如，刚才我们所说的 "除麦克斯韦分布以及与之**十分接近**的分布之外的其他分布的长期平均总时间几乎为 0"，也就可以说成："除极大的 S 值以及与之**十分接近**的值之外的其他 S 值的长期平均总时间几乎为 0"，对于这里的 "十分接近" 到底是怎样一个范围，以及 "几乎为 0" 中的 "几乎" 的判断又有多严格，如果借助 S 值来进行描述的话，我们就会发现 "十分接近" 的范围其实十分狭窄，对于 "几乎" 的判断其实十分严格。

上述严格性可以从金斯的证明中看出来，在其后的若干成果中也得出了相同的结论。无论如何，这一严格性是来自于分子的庞大数量[32]。不过，这一话题过于专业，我们还是浅尝辄止吧。

写给物理学生的注释：

下面我们简单介绍一下由巨大的分子数量所推导出的结论。

---

32. 我们在第 186 页和第 191 页中提到过，在 1 立方厘米气体中所包含的分子数量十分巨大，约为 10^{19}。

首先，我们将 S 值从极大值 $S_{极大}$ 开始慢慢减小，伴随这一过程，其长期平均总时间也随之减小，其减小的方式非常剧烈（图9）。由于长期平均总时间是一个小于1的值，我们可以用小数来表示，随着 S 值的减小，长期平均总时间的小数点之后0的数量成比例增加，而且其比例系数是一个与分子数量相关的巨大的数 [33]。因此，哪怕 S 值与极大值之间只有微小的差距，也会导致长期平均总时间急剧减小。

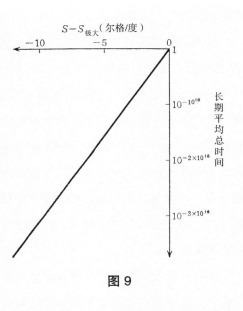

图9

其次，如果将 S 值从极大值 $S_{极大}$ 开始慢慢减小，在这一过程中，将所有的长期平均总时间相加，则其总和会在某个差值处近似地达到1，而且，这个差值包含一个与分子数量的倒数相关的系数 [34]。于是，由于长期平均总时间是急剧减小的，因此对于比上述差值更加远离极大值的 S 来说，即便将所有的长期平均总时间都加起来，结果还是近似为0。从这一点上大家应该就可以理解刚才我们提到的"范围其实十分狭窄"这句话到底是什么意思了。

于是，对于玻尔兹曼对洛施密特的回答，我们用各态历经定理建立之后的语言进行了重新表述，但这种观点在当时玻尔兹曼的心里应

33. 准确来说是第 191 页中提到的玻尔兹曼常数 k 的倒数。
34. 准确来说是玻尔兹曼常数 k。

该已经萌芽了。

如果说在所有分布的长期平均总时间中，麦克斯韦分布（极小的 **H** 值）及与之十分接近的分布（**H** 值）几乎占据了全部份额，而与之相差较大的分布（**H** 值）的长期平均总时间几乎为 0，那么对于任意一个时间点，在总时间中占有份额几乎为 0 的分布（**H** 值）正好出现在这一时间点上的可能性小到接近于无。因此，除了这些几乎可以接近于无的时间点之外，其他几乎所有的时间点上的分布都为麦克斯韦分布，或者与之十分接近的分布。根据长期平均总时间与初始状态无关这一各态历经定理的结论，我们刚才所说的观点也应该是与初始状态无关的。

不过，各态历经定理并没有说短期平均总时间与初始状态无关。因此，如果给定的初始状态不是麦克斯韦分布，那么从初始状态出发后的一段时间内，其分布还不足以达到麦克斯韦分布。但是，当经过足够长的时间之后，除了几乎可以忽略不计的情况之外，其分布应一直为麦克斯韦分布，或者与之十分接近的分布。这一事实所对应的玻尔兹曼的观点是："经过非常多次碰撞之后，最终达到麦克斯韦分布的可能性特别特别大。" 只不过 "经过非常多次碰撞之后" 应该改成 "集团的分子数量非常大，且经过足够长的时间之后"。

也许大家已经注意到了，尽管我们将概率论的语言替换成了力学的语言，但不知不觉中，玻尔兹曼对洛施密特所主张的观点好像又复活了。同时，在这一观点的背后还有另一个观点，即："……如果在任意时间点上测定分布，则所占时间份额几乎为 0 的那些分布（"持续时间" 接近 0 的分布）正好偶然出现在测定时间点的机会的期望值接近于无。"

在这句话中出现了 "偶然" "机会" "期望" 等词，乍一看好像是概率论又卷土重来了。所以我们才说，玻尔兹曼对洛施密特所主张的 "H 定理并不是仅由力学推导出来的，而是同时使用了概率定律才推导出来的" 这一观点似乎又再次复活了。但是请大家注意，这一次，概率论被用在了一个和之前完全不同的地方，具体来说，就是被用在了一个与牛顿力学完全互不相干的地方。

之所以这样说，是因为当我们说在任意一个测定的时间点，所占时间份额几乎为 0 的那些分布正好偶然出现在测定时间点的机会接近于无，这实际上说的是我们这些进行测定的人所遇到的情况，而并不是在说分子集团的行为。

在什么时候对分子集团进行测定，这是属于我们这些测定者的行为，这不是力学定律的管辖范围，于是分子集团的运动与这一行为完全无关。因此，无论是 "偶然" "机会" 还是 "期望"，这些东西所涉及的地方与在必然性支配下进行运动的对象毫不相干，也就是说，从外面来看，这些东西所涉及的地方位于人类与观察对象的中间。

事实上，即便不依赖偶然因素来确定测定时间点，而是通过观测者的计算，或者根本不用计算而是瞄准某个状态选取测定时间点，就有可能观察到与麦克斯韦分布有差异的分布状态。举一个最简单的例子，如果测定者对分子集团给定一个非麦克斯韦分布的初始状态（例如给定一个温度和密度**不均**或者内部存在流动的状态），然后在尚未经过很长时间的某个时间点对分布进行测定，这时必然能够观察到非麦克斯韦分布的状态[35]。也就是说，测定者预先给定一个状态，并通

---

35. 研究热传导、扩散、内部摩擦的实验就是这样做的。

过计算或者直接选取这个状态还没消失之前的某个时间点进行测定。

然而，这一计算无法在长时间跨度中进行，因为要进行这样的计算，我们必须知道分子集团运动的每一个细节，这意味着必须知道分子集团的全部初始状态。因此，在抛开全部细节只以分布函数这一粗略信息为基础的分子运动论中，并没有供我们长期进行这一计算所需要的充分知识。而作为另一个线索的各态历经定理，尽管它告诉我们长期平均总时间与初始状态无关，但却并没有告诉我们关于具体时间表的任何细节，更何况我们并不知道能够唯一确定这一时间表所需的详细初始状态。

我们经常听到这样的说法："当我们的知识不足以预测某种事物时，我们就会用'偶然'来解释。"在这里，情况正是如此。"长期平均总时间"从功能上与概率十分相似，但它原本是一个力学概念，在这里，这一概念终于与概率产生了关联。也就是说，"对分子集团进行测定的时间点，正好偶然位于某种分布的持续时间内的概率，就等于该分布的长期平均总时间。"

到这里，对于概率论的引用就并不是随意为之了，经过各态历经定理并到达最后的这个地方，不但理论的自洽性已经毋庸置疑，而且概率论在这里的作用对于热的运动论来说已然成为不可或缺的一部分。因为概率论在这里没有与牛顿力学产生任何矛盾，而且也对洛施密特的批判做出了充分的回答。

值得注意的是，在牛顿力学的数学结构中隐藏着一种特质，这一特质使得各态历经定理得以成立，并通过这一定理推导出结构上或功能上与概率相似的量。也就是说，如果没有这种特质的话，我们就无法在分子集团的运动和作为观察者的"人类"之间加入概率论这一要素。从这个角度来看，我们不能说引入观察自然的人类违反了物理学的客观性，而我想说的是，力学定律中已经为我们准备好了这样一种可能性，在这里让人类成为观察者，并从热学的视角将自然展现给人类。人们经常将物理学分为宏观物理和微观物理，而上述事实表明，宏观物理和微观物理的成立，取决于人类观察自然的视角。

现在我们来回顾一下，上一节结尾处我们提到，早期分子运动论中存在自洽性不明确的问题，而第 3 节的目的正是讲述通过改善这一问题为理论赋予了说服力，从而得到更多人的支持的过程。最终，概率论找到了自己合适的位置，迎来了一个圆满的结局。

在第三章中，我们通过原子论、热学以及分子运动论，思考了"物理是什么"这一问题，并从中发现了很多新的观点。物质由原子构成，这一哲学学说被物理学所吸纳，物理学由此增加了前所未有的丰富内容，其普遍性也得到了扩展。同时，"以观察事实为依据"这一物理学的特质中，也加入了"先建立假说，再通过实验进行验证"这一更具冒险性的元素。此外，进入 20 世纪之后，宏观物理、微观物理等人类观察自然的视角到底与物理学的普遍性存在怎样的联系，这也成为了"物理是什么"这个大问题的一部分。

对物理学生的补遗

下面我们对正文（第 3 节）中一些没有解释到位的地方做一些补遗。这些内容主要是面向物理学生的，因此我们就改用条目式的体裁吧。

(1) 关于玻尔兹曼的 H 函数与长期平均总时间的关系

H 函数的定义见第 190 页中的 (5)，它与熵之间的关系见第 191 页中的 (6)，但我们在正文中没有解释它与长期平均总时间之间是怎样的关系，在这里我想对此做一些补充。这样一来，大家能够更清楚地理解熵增加所具有的意义。

在第 190 页中我们已经提到，H 函数的值对于每一种分布形态都是不同的，而另一方面，长期平均总时间的值对于每一种分布形态也是不同的。因此，H 值与长期平均总时间之间应该具有一定的函数关系。至于这一函数关系是如何推导出来的我们在此就不赘述了，直接说结论，某一分布的长期平均总时间的对数等于该分布的 H 函数的负值，写成公式就是：

$$-H = \log W \qquad\qquad (7)$$

由于长期平均总时间这个量具有概率上的意义，因此在这里用德语单词 Wahrscheinlichkeit（概率）的首字母 W 来表示。

接下来，代入 (6) 可得到熵与长期平均总时间的关系：

$$S = k \log W \qquad\qquad (8)$$

这一关系不仅适用于气体，也适用于固体和液体。顺便提一句，玻尔兹曼的墓碑上就刻着这个公式。

(2) 关于能量均分定理

在第 168 页中我们提到过，温度与分子的平均动能的关系式 (戊′) 不仅适用于没有分子自转和内部振动的理想气体，同时在广义上也是成立的。关于这一点，可通过第 215 页中介绍的力学变量的推广来进行证明。当时我们也提到过，这一推广是由麦克斯韦完成的，他证明了与广义动量的平方成正比的量的平均值均为 $\dfrac{kT}{2}$。一般来说，动能与广义动量的平方成正比，因此这一结论也就意味着 (戊′) 是成立的。

这一结论说明，无论何种分子，其动能的每一个分量都是均匀分配的，都等于 $\dfrac{kT}{2}$，因此人们将这一结论称为 "能量均分定理"，这一定理在物质比热的计算中发挥了重要作用。后来，在 19 世纪末，人们发现根据这一定理计算出的物质比热与实验数据不符，于是关于分子运动是否遵循牛顿力学引发了很大的质疑，这成为了发现量子力学的一个契机。

(3) 关于开放的分子集团

我们之前所介绍的理论体系中，有一个明显与现实情况不符的假设，即我们所讨论的分子集团是不受外界干扰的，具体来说就是与外界不存在能量的交换，也就是一个封闭的系统。

然而，这样的分子集团在现实中是绝对不存在的。例如，我们讨论的分子集团是密封在一个立方体容器中的，且容器壁对分子的碰撞进行弹性反弹，也就是说它们之间没有能量交换。但现实中的容器壁并不是这种理想的情况，容器壁本身也是由分子构成，因此容器中的气体分子与容器壁中的分子集团在碰撞时必然会发生能量交换。而实际上在热力学中，我们也经常会说让物体与热库接触，从而产生热能的交换。

从这一观点来看，有些学者认为讨论封闭集团中的理论自洽性是没有意义的，但更多的学者认为，如果封闭集团的理论都无法自洽，那么对于开放集团就更难以自洽了，我比较赞同后者的观点。反过来说，如果封闭集团中理论的自洽性可以通过各态历经定理来确保，那么对于开放集团中的自洽性也就得到了证明。现在，在这一证明的基础上，物理学家正在构建适用于开放分子集团的理论。

(4) 物理学家眼中的各态历经定理

各态历经定理是以伯克霍夫条件为基础的。对于各态历经定理的成立，这一条件在数学上是不可或缺的，但从物理学家的立场上来看，还有一个问题需要解决，因为伯克霍夫条件中并不包含分子数量极其庞大这一分子集团的最大特征。

关于分子数量极其庞大这一点在分子运动论中扮演了何等重要的角色，从第 217 页中提到的金斯的工作中可以看出，确保麦克斯韦分布占据绝对优势的基础并不是来自伯克霍夫条件，而是从能量函数的形式推导出来的。从这一点来看，物理学家提出，如果利用分子数量极其庞大这一事实，也许能够找出一种更容易使用的计算方法。关于这一点，现在已经提出了一些有趣的观点。

(5) 关于玻尔兹曼的 H 定理

正如我们在第 192~194 页中所介绍的，包括洛施密特在内的很多人对于这一定理的证明提出了异议，玻尔兹曼自己也承认这一证明确实存在 "阿克琉斯之踵"。那么大家一定很想知道，现在我们对于 H 定理到底是如何认识的。分子运动论的自洽性问题曾在很长一段时间内都悬而未决，我觉得即便通过为概率论赋予一个合适的位置解决上述问题之后，H 定理的问题依然是存在的。我们可以说，现在这依然是物理学的核心问题之一。

问题的关键在于如何找到一个正确的方程来替代玻尔兹曼方程，并找出这一方程的解法。在这一领域中，很多日本学者都很有希望，我也十分期待看到这一领域中能够得出一些有趣的成果。

(6) 关于策梅洛的批判

关于玻尔兹曼的 H 定理的正确性，除了洛施密特的质疑之外，还有策梅洛的批判。数学家庞加莱（Jules Henri Poincaré，1854—1912）在研究牛顿力学数学结构的过程中，证明了对于有限个物体的位置和动量，在有限的范围内，如果等待足够长的时间，则必然回归到无限接近于初始状态的状态。

这一结论对于密封在容器中的分子集团当然也是成立的，因此策梅洛（Ernst Zermelo，1871—1953）提出，玻尔兹曼的 H 函数只能递减的主张是错误的，只要等待足够长的时间，H 函数的值应当增大并回归初始值，因此 H 定理是错误的，玻尔兹曼试图将热力学第二定律与力学定律进行关联的努力是失败的。

对于这一批判，玻尔兹曼是这样回应的。玻尔兹曼指出，策梅洛说得对，但是策梅洛没有说分子集团回归到无限接近于初始状态需要多长时间，这一时间其实极其漫长，以 1 立方厘米常温常压空气为例，粗略计算可得，这一时间约为 10 的 10 次方的 10 次方年。因此，在我们所能够经历的时间尺度上，是不可能出现策梅洛所说的回归的，这就是玻尔兹曼给出的答案（图 10）。

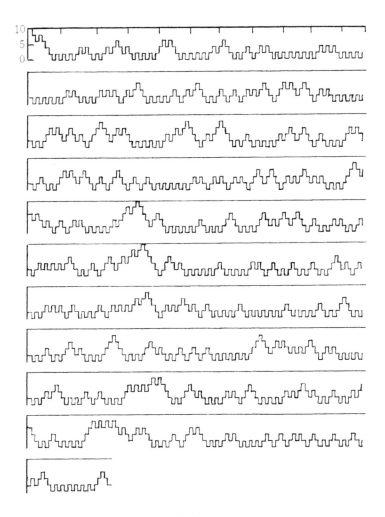

图 10

将带编号的 N 个小球分别放进 A、B 两个瓶中，准备写有同样编号的签，当抽到某个编号的签时，就将相应编号的小球从当前所在的瓶移动到另一个瓶中。重复这一操作并将每次 A、B 瓶中小球数量之差画成图表，这张图表与 H 函数的粗略变化图很相似（上图为 $N = 10$ 的情况）。偶尔我们可以看到数量差回归初始值 10 的情况。

然而，策梅洛对于这一答案似乎并不满足（但第 225 页的 (3) 中所提到的关于开放分子集团的理论中似乎不会产生回归性的问题）。

幸运的是，从我们的理论来看，即便不等那么长的时间，在我们所能经历的时间范围内，还是可能在一定的持续时间内，出现 H 从极小值发生一定程度增大的现象。因此，如果这样的事实能够实际观察到，那么我们的理论就在观察事实中找到了依据。然而，在一般的实验中并没有观察到上述事实，H 看起来似乎是一直递减的。因此，要想研究这一现象，我们必须让实验仪器变得更灵敏才行。

从某种意义上说，这种灵敏的仪器其实是现实存在的，我们可以利用布朗运动现象来达到这个目的。布朗运动想必大家都应该听说过，它指的是微小的粒子，比如胶体粒子，在液体中进行不规则运动的现象。爱因斯坦等人提出了布朗运动的相关理论，玻尔兹曼一直苦苦追寻的实证，终于在他去世之后水落石出了。

(7) 关于吉布斯的统计力学

最后再补充一点。我之前的介绍都是以对理论自洽性的探讨为核心的，但从实用性的观点来看，这种探讨实在是太绕弯了。比如说，从实用角度来看，我们完全可以跳过长期平均总时间这样的概念，也不用为概率找一个与牛顿力学不冲突的位置，只要可以用各态历经定理的计算方法计算出各种量的期望值以及各种分布的概率就可以了。在这一点上，美国物理学家吉布斯（Josiah Willard Gibbs，1839—1903）所提出的计算方法是最简便的，因此得到了广泛运用。

吉布斯的方法运用了统计系宗的思想，这一思想在第 201 页中提到的麦克斯韦的最后一篇论文《论玻尔兹曼定理》中已经初见端倪。无论是玻尔兹曼还是我们，都是以现实中的分子集团为对象来探讨平均总时间，或者更进一步探讨其概率问题的，而相对地，麦克斯韦则是在脑海中想象了一个由多个相同分子集团所组成的系宗（ensemble），只不过在这个虚拟的系宗中的每一个分子集团，都按照某种特定的规则给定互不相同的初始状态。于是，通过将各态历经定理的计算方法运用在这个虚拟的系宗上，我们就可以计算出系宗中期望值和频率在统计上的分布，从而得到各种量的期望值和概率。

吉布斯的这一方法正是将这一虚拟系宗的思想用到了极致，他发展出一套类似操作手册一样的计算规则，通过将这些规则运用在系宗上，就可以单刀直入地完成各种计算。这一方法在实用领域中非常重要，人们更喜欢叫它"统计力学"。

20 世纪的大门 [36]

第三版稿子已经誊写好了，复印件也已经交上去了，但我对第 3 节的部分内容又做了修改，在住院之前也交上去了。我对其中一部分内容还有点吃不准，住院做完检查之后我又读了一些爱因斯坦等人的论文，发现从内容上说，新版的稿子应该是没问题的，这才感到松了一口气，但是稿子还是又改了改。

住院之前的稿子里面提到了布朗运动，但第三版稿子里把布朗运动去掉了，换成了玻尔兹曼如何将概率论与牛顿力学相互分离的艰苦过程。对此我思考了很多，觉得还是将这一结论完整地呈现出来比较好。

---

36. 1978 年 11 月 22 日于病房中口述。

玻尔兹曼的目的是明确概率论与力学之间的关系，在我看来，他为此倾注了毕生的心血。在玻尔兹曼的努力下，概率论在牛顿力学所讨论的对象和观察这些对象的人类之间找到了自己的位置，这一结论我在第三章的结尾已经提到了。我认为，玻尔兹曼的目的在这里已经算是实现了。

玻尔兹曼完全消除了由概率论和力学混用所带来的对理论自洽性的质疑，这要归功于各态历经定理。但是，即便到了这一步，后来还是出现了很多反对这一结论的观点，而且我们不得不承认，即便玻尔兹曼做到了这一步，但还是留下了一些不完善的地方，简单来说，就是对于各态历经定理所划定的概率论和力学的势力范围，目前还没有任何实验上的依据，而马赫（Ernst Mach，1838—1916）和策梅洛所攻击的也正是这一点。

在此之前，热的气体分子运动论已经具备了相应的实验依据，比如洛施密特已经通过实验测出了分子的数量，麦克斯韦和汤姆森等人也在实验上进行了各种努力，尽管他们的实验方法各不相同，但关于分子的数量，即洛施密特常数或阿伏伽德罗常数，所得到的结果都是基本一致的。因此我们可以说，分子运动论本身已经具备了充分的实验依据。

但是，热理论的原子论化则更进一步，通过各态历经定理将力学与概率论进行了分离，划分出了各自的势力范围，玻尔兹曼的这一成果，目前还没有实验依据的支持。

因此，马赫一开始也是反对原子论本身的，但后来到了19世纪末，他已经不再反对原子论或者分子论了，而是开始攻击玻尔兹曼所留下的这一弱点，大概玻尔兹曼自己也因为找不到决定性的证据来反驳这些人而感到十分苦恼。实际上，在他那个年代的实验中，除了刚才提到的测出分子数量之外，剩下的就是得出了熵增加的结果，也就是说，当时只有热学方面的实验。虽然玻尔兹曼提出了熵不会减少的理论，但无论如何进行实验，都无法证明熵是不会减少的。这意味着他用了一个没有经过验证的结论当作论据，所以他自己应该也对这一弱点的存在心知肚明。

但是，他坚信自己的想法在方向上是正确的，他相信总有一天大家会明白自己的结论是正确的。关于这一点，我们可以在他的知名著作《气体理论讲义》[37] 的序言，特别是第二部的序言中看出来。尽管他如此坚信，但他应该也感到，面对这些反对的声音，自己也只能被动防御而无法还击。相对地，马赫在其《热学原理》（1896 年）中对玻尔兹曼的批判，看起来就好像是胜利宣言一样。

在玻尔兹曼的晚年，有很多人建议他将自己的理论写成书，但他对此却没什么动力。菲利克斯·克莱因也曾多次请他编写《数学科学百科全书》（*Encyklopädie der mathematischen Wissenschaften*）中的部分词条，但他还是感觉提不起劲，后来克莱因威胁他说："如果你不写，那我就找你的学术敌人策梅洛来写了。" 玻尔兹曼这才不得不答应下来。在《气体理论讲义》的第一部中，玻尔兹曼也表示本来自己是不想写这本书的，但由于朋友反复劝他应该趁现在写出来，才不得不写的。

在序言中，玻尔兹曼还说，当时他曾经被邀请参加在英国牛津举办的关于气体分子运动论的一场国际会议，在那里他得到了很多收获。后来就发生了我们在第 193 页中提到的有很多英国学者参与的

---

37. 第一部发表于 1896 年，第二部发表于 1898 年。

《自然》杂志上的学术辩论。玻尔兹曼在序言中说，从这场辩论中他也得到了很多收获。我认为，玻尔兹曼发现英国有这么多人知道他，受到了很大的鼓励，这才鼓起勇气写出了《气体理论讲义》的第一部。

而关于第二部，玻尔兹曼虽然动笔写了，但却遭遇了难产，后来也是在别人的强烈敦促下才最终写完的。在第二部的序言中，玻尔兹曼写道："带有敌意的反对论调实在过于强势，我认为这些反对论调对科学进步是有害的。" 同时，他坚信总有一天他的理论的正确性会得到承认，正如牛顿的权威导致光的波动学说长期以来未能得到认可一样，马赫的权威也阻碍了别人认同自己的理论在方向上的正确性。当然，这种情况应该仅限于德国，在英国，还是有很多人认可玻尔兹曼的理论，并追随他的方向前进的。但无论如何，正如我们刚才所提到的，玻尔兹曼也知道自己的理论存在弱点，他知道自己的理论缺乏实验依据，尚有不完备之处，因此他感到十分苦恼，但他大概也非常期待将来有人能够证明他的理论。1906 年，玻尔兹曼因抑郁自杀，对于其自杀的原因，医生当然是最清楚的，但我觉得，上面所说的这些事情应该也是一个重要的原因。

顺便提一下，就在玻尔兹曼去世前不久的 1905 年前后，关于布朗运动的分子论的解释由爱因斯坦（Albert Einstein，1879—1955）和斯莫鲁霍夫斯基（Marian von Smoluchowski，1872—1917）等人提了出来，而正是这一解释为玻尔兹曼的理论提供了实验上的证据。此外，1910 年爱因斯坦发表了一篇关于临界乳光（critical opalescence）的论文，这篇论文将斯莫鲁霍夫斯基的设想用近似玻尔兹曼的数学形式进行了整理。这篇论文的观点以 "玻尔兹曼原理" 这一概率与熵之间的关系为出发点，这里所说的 "概率" 指的就是我们所说的 "平均总时间"。爱因斯坦将平均总时间与熵的相互关联性称为玻尔兹曼原理，并用这一原理来进行论证。

因此，如果玻尔兹曼能活到 1910 年的话，形势就有了很大的转变，这时反倒是马赫处于不利地位了。

普朗克（Max Karl Ludwig Planck，1858—1947）倒是和玻尔兹曼没有太多交集，因为普朗克的研究集中在热力学的现象理论，而对于分子运动论没有投入什么精力。尽管不像能量学派一样把话说得那么大，但是普朗克认为仅通过热力学就可以推导出很多结论，经过不懈的努力，他于 1901 年发现了普朗克定律和能量量子[38]，为量子力学奠定了基础。这些发现都是仅通过热力学完成的。不过，当普朗克试图进一步巩固这些理论时，发现还是必须借助分子运动论才行。于是，普朗克认真学习了玻尔兹曼的理论，据说玻尔兹曼因此对普朗克刮目相看。

1910 年前后，普朗克提出了一些令马赫感到愕然的观点，这一次轮到马赫甘拜下风了。因此，如果玻尔兹曼能活到这个时候的话，他就能当上凯旋将军了吧。不过，这样的话说不定他就该得狂躁症了。

在之前讲到物理学的定义时，我曾经提到 "在实证的支持下" 这样的说法，这是因为仅凭理论本身是谈不上正确与否的。换句话说，

---

38. 其实，玻尔兹曼貌似也有能量量子这一能量不连续性的想法，但我认为他是出于计算方便才产生这种想法的。玻尔兹曼经常写下一大堆不知所云的东西，他写起论文来连整理思路的时间都没有，于是，其论文中的内容可以从不同的角度来理解，既可以理解为是为了计算上的方便，也可以理解为是能量具有不连续性。

一种理论的成立有两个重要的条件，即在已知经验范围内是正确的，以及理论内部没有矛盾，也就是具有自洽性，这两个条件都必须要满足。然而，仅仅这样还不够，还有一个问题需要解决，那就是当出现未知的现象时，理论应该如何应对。

在这种情况下，作为一种完整的理论，其中必须要包含将来"通过某种方式可以证明对错"的要素。说老实话，如果玻尔兹曼能够预测出使用更灵敏的仪器进行实验就可以得出答案的情况的话，他的理论也就完整了，然而玻尔兹曼并没有实现这一点。即便不亲自进行实验，理论中也必须提出可预测的，即可以证明理论正确与否的实验是存在的，而具体如何才能实现这样的实验并不是最重要的。如果不能提出"只要做这样一个实验就知道了"这样的观点，是无法说服反对者的，可能也不能称得上是一种真正的理论。我觉得玻尔兹曼也想找到这样一种实验方式，又或者他没有时间去找，因为光是解决理论的内部矛盾就已经非常不容易了。

因此，对于玻尔兹曼来说，他肯定希望有人能够提出通过某种实验来判断理论正确性的方法，这种方法后来由斯莫鲁霍夫斯基和爱因斯坦等人提了出来。不过，马赫等人却很喜欢打击这样的努力，因此玻尔兹曼之所以说"有害"，指的就是马赫等人打击这些努力的行为。在英国，因为不存在这种情况，因此才能够出现大规模的学术辩论，百家争鸣。但反过来说，最后获得成功的斯莫鲁霍夫斯基和爱因斯坦是不是英国人呢？当然不是。所以历史真的是非常有趣的。

爱因斯坦所完成一个重要理论——相对论，其实是深受马赫的影响，就连爱因斯坦自己都亲口说过马赫对他的影响很大，可见他对于马赫是十分敬重的。但即便如此，他对马赫并没有盲从，这才是一个真正的物理学家所该有的态度。

因此，给物理学家贴标签，比如说这个人是马赫派的，那个人是反马赫派的，这样的分类方法是非常危险的。别人来分类也还算好，但有些人会自己给自己分类。古语有云："君子豹变。" 我看物理学家才应该多多 "豹变" 才好。

从之前的介绍我们可以看出，当物理学产生新的进步时，需要对要攻打的目标尝试用各种方法来进行攻击。物理学的难点在于不能一条道跑到黑，而是必须针对研究对象建立新的方法。

将上面这些内容与第三章的内容相结合，大家就能够理解在来到20 世纪的大门之前，物理学都经历了怎样的困难。而这一点也正是我写这本书的目的。

要想理解新的事物，就需要努力褪去陈旧的思想，任何学问都是如此，但物理学表现得尤为明显。其他学问，比如化学，也具备这样的特点，只不过不像物理学一样从表面上看起来那么剧烈。因此百家争鸣、迷茫徘徊的时代在物理学中是很短暂的，和化学的历史相比，物理学就好像是某一天突然冒出来的一样。事实上，化学花了很长的时间才褪去炼金术的外衣，而且还有很多时期是含混不清的，好像这也不是那也不是。

物理学之所以能够表现得如此清楚明了，应该说是因为其中大量使用了数学的方法。从某种意义上说，物理学只研究能够用数学表达的东西，因此才会发生如此剧烈的变化，无论是对还是错，都是非常清楚的。

相对地，生物和化学等领域则无法仅用数学的标准来衡量，它们研究的对象更为复杂。

科学与文明

一

今天我要讲的题目是 "科学与文明"。首先需要声明一点，尽管我是一位科学家，但我从未专门研究过 "科学与文明" 这样的问题，因此今天只能跟大家分享一些比较随意的想法，请大家见谅。

之所以选了 "科学与文明" 这个题目，是因为尽管 20 世纪已经将近尾声，但自从进入 20 世纪以来，科学在我们的社会中所占的比重大幅增加，因此我们有必要认真思考一下科学与文明之间的关系。科学比重增加的一个明显的例子，就是我们身边所能见到的科学的产物越来越多了，我的专业是物理学，所以我看到的主要是物理学和化学的产物，特别是第二次世界大战之后，科学的产物让我们的文明社会变得越来越丰富了。

当然，科学所带来的东西也不全是好的，我想对于这一点大家都有经验。拿化学来说，人们制造出了很多自然界中所不存在的物质，一些人造物质引发了很多问题，甚至成为了一种公害，比如塑料、人造纤维这些东西，它们在造福我们生活的同时，也产生了各种各样的问题。

物理学的产物中也有这样的例子，比如原子弹。我们先不说这种极端的例子，就比如我手上的麦克风，它是电子学的产物，非常方便，如果没有它，我就必须用很大的声音跟大家讲话。但是，也是因为有了麦克风、录音机这样的东西，美国发生了大家所熟悉的 "水门事件"。跟原子弹相比，这件事所造成的伤害也许不值一提，但我认为这也是科学的产物引发问题的一个例子。因此，对于科学到底是好是坏，现在也出现了一些疑问。

科学所包含的东西很多，其中当然有一些东西是好的，不过最近，在生物学等领域中，人为改变遗传基因已经成为可能，这就有了制造出自然界中不存在的生物的可能性。当然，人工制造出高等生物没有那么容易，但我们可以对细菌等生物进行一些加工，从而产生一些自然界中所没有性状。我认为现在到了该认真思考这些问题的时候了。

从魔法到科学

因此，最近出现了一些对科学的批判，我们仔细回想一下就会发现，至今为止，科学也并不是一直被认为是一种非常好的东西，关于科学对人类到底是好还是坏，这样的疑问应该说自古有之。比如，在15、16世纪的欧洲，科学与宗教是势不两立的，宗教一方就认为科学是不好的东西。尽管这一时期对立的双方是科学与宗教，但有一段时期，就连普通人对科学也有一丝不好的印象。

从系谱上来看，很多东西都可以被认为是现代科学的起源。除了经常被提到的古希腊哲学之外，还有古代印度、阿拉伯以及中国的各种技术，其中甚至还包含让人感觉十分不快的魔法。

众所周知，化学的前身是炼金术，物理学的前身是占星术。现在占星术还没有完全消失，但炼金术应该说已经消失了。在13、14世纪，炼金术、占星术这种魔法的东西，在欧洲是十分兴盛的，这些东西也和宗教产生了对立。

魔法是什么呢？现在的我们似乎很难理解，我认为魔法就是将作为大自然造物主的神的理法和道理，用一些诡异的方法窃取过来，然后用来满足人类的私欲。神学家认为魔法是对上帝的亵渎，因此不遗余力地对魔法进行迫害。由于魔法在当时十分盛行，因此科学反倒被人们当成是一种十分怪异的东西。

大家应该都听说过，歌德写过一部剧叫作《浮士德》。据说浮士德是 15、16 世纪的一个真实人物，传说他就是用魔法来搞炼金术的，歌德的《浮士德》正是出自这个原型。

科学正是从这些像魔法一样的怪异东西中诞生的，从炼金术中诞生了化学，从占星术中诞生了天文学。而科学的发展，也正是一个与魔法逐渐划清界限的过程。比如说，物理学的发展过程中逐渐开始使用实验的方法，尽管古代人们就试图通过观察自然现象找出其背后的规律，这也是科学的目标，但最初人们就是原原本本地观察自然，而实验则是比简单的观察要更进一步。

大家应该都知道伽利略，他生活在 16 到 17 世纪。伽利略使用了很多实验的方法，发现了与以往学说所不同的各种规律。例如，一个物体从高处下落，之前人们以为轻的物体下落得慢，重的物体下落得快，而伽利略发现并非如此，无论任何物体，无论它是轻是重，其下落的时间都是相等的，这才是真实的自然规律。

尽管乍看起来轻的物体应该下落得慢，但伽利略通过实验，让小球从不同的斜面上滚下来，并根据这些实验结果得出了无论什么物体其下落时间都相等的结论。大家可能听说过伽利略爬到比萨斜塔的顶上往下面扔各种物体的故事，但这个故事貌似是编出来的，伽利略自己应该没有做过这种实验。

　　无论如何，伽利略用斜面观察了不同物体滚落的时间。如果让斜面与水平面垂直，那么就相当于自由落体，于是，他用各种斜率的斜面进行实验，得到了定量的结果，这样即便他没有真的从比萨斜塔上扔东西下来，也能够知道在垂直下落时到底是怎样一种情形。也就是说，他是通过实验和推理相结合完成这一发现的。

　　伽利略的这种方法和魔法是大不一样的。炼金术士所做的那些事情不是智慧，而是纯粹的魔法思维，比如念个咒语、弄个神秘仪式等，很多都不能在大庭广众下进行。而伽利略则不一样，他发现落体规律所使用的方法，任何人只要想做都可以做，比如让物体从斜面上滚落，或者直接爬到高处往下扔东西。

　　实验是任何人只要想重复就可以重复的。伽利略还发现了摆的等周期性，也就是说，只要绳子长度相同，无论吊的是什么重物，摆的周期都是一定的。这个实验也是只要想重复就可以重复的。

　　当时，一些相信旧思想的人也提出了反驳，比如在摆锤非常重的情况下确实周期相等，但如果换成非常轻的摆锤，则实际的周期会出现偏差，落体运动也是一样，轻的物体确实下落得更慢。伽利略认为这并不是自然规律本身，也就是说，摆应该是具有等周期性的，物体下落的时间也应该是相等的，这是真实的自然规律，但我们周围的自然环境中存在一些因素，阻碍了这些规律的表现，这种因素就是空气阻力。伽利略认为，如果单纯观察包含这种阻碍因素的自然，是无法发现真实的自然规律的。

　　除此之外，伽利略还发现了著名的惯性定律。惯性定律是一个我们无法直接观察到的规律，它说的是运动中的物体在没有外力作用的情况下会永远运动下去。伽利略认为这是真实的自然规律，但这种现象在我们的经验中是绝对无法出现的。尽管如此，他依然认为这才是真实的自然规律，这也是根据实验推理出的结论。

伽利略发现惯性定律的实验就是我们刚才说的摆。摆的周期与绳子的长度相关，如果将这一关系定量地描述出来，那么就可以推理出当绳子长度无限时会出现怎样的情形。长度无限的绳子在现实中是不存在的，但假设存在这样一条绳子，那么摆的周期就是无穷大，于是当这样的摆运动起来之后，就永远不会停下，而是一直朝一个方向摆动，这就是伽利略的推理过程。

发现了惯性定律之后，伽利略将惯性定律用在了日心说上，当然也许这么说有点奇怪，不过在当时，地球是运动的这一思想是非常异端的。日心说遭到了很多神学家的反驳，但事实并没有这么简单。比如说，哥白尼是宣扬日心说的，但他本人和罗马教皇的关系非常好，在他提出日心说的时候，大家也并没有认为这一学说与基督教的教义有什么矛盾之处。然而，伽利略说地球是运动的，就遭到了宗教审判。

当时，除了出于宗教理由反对日心说的人之外，对于普通人来说，日心说也是一种非常不可思议的理论。因为我在高处造个房子，或者造一座塔，如果地球是运动的，那么房子和塔不就倒了吗？这种原始的想法导致人们难以接受日心说。对于这些反驳，伽利略指出，在地球静止时成立的那些力学定律，哪怕地球是运动的，在我们看来也同样能够成立，这是根据惯性定律所得出的结论。

今天，对于伽利略的这一观点，大家一定都能接受。当然，运动的物体在没有外力作用的情况下会一直运动下去，这一观点大家也在学校里学过，但在学的时候可能会想，这好像与我们的生活经验是矛盾的，但实际上，刚才我们所说的在运动的物体上所发生的现象，与在静止的物体上所发生的现象是没有任何区别的。关于这一点，大家今天都可以做个简单的实验，比如说东海道新干线的运行速度是 200 千米每小时，如果我们按 180 千米每小时计算的话，那么每秒就前进 50 米。如果我站在新干线列车的最前面，然后让一个物体下落，会发生怎样的现象呢？有人可能会说，由于新干线列车是在运动的，因此在车上的人看来，物体肯定不会垂直下落，而是会在 1 秒后落在向后 50 米的地方，其实当时反对伽利略日心说的人也是这么想的。实际上，在新干线最前面往下扔一个物体，它还是会落在正下方，这是因为当这个物体还在手里时，它是和列车一起向前运动的，当手松开之后，这个物体在惯性定律的作用下，依然保持每秒 50 米的速度向前运动，因此它依然会落在正下方。通过这样的解释，大家应该不会觉得惯性定律特别难理解了吧。像这样能够用非常合理的逻辑来对现象进行解释，正是科学和魔法的差别所在。

对普遍规律的追求

就这样，人们开始逐渐明白，物理学和魔法是完全不同的，而到了牛顿的时代，牛顿发现星星、月亮、围绕太阳运转的地球，这些天体的运动，和树上掉下来的苹果这些地表物体的运动一样，都可以用同一套规律来解释。牛顿的这一发现令当时的人们感到十分震惊。天体和地表物体受同一套规律的支配，就连伽利略也没有明确地想到这一步。

而且，牛顿所发现的这一规律可以用非常简单的数学语言来表述，于是人们清楚地认识到，无论天上的物体还是地表的物体，它们都遵循同一套规律。通过这样的实验和推理，自然规律被人类的智慧所理解，这正是体现了造物主的伟大神迹，而且所有事物都遵循一个明确的规律，这件事与宗教绝不是矛盾的。基督教与科学非但不矛盾，而且科学之中还处处体现着上帝的旨意，当这样的思想逐渐成为主流之后，人们也就不再认为科学是令人不快的东西了。

17 世纪有很多人既是物理学家，同时又是数学家、哲学家或者神学家，下面我说几个人的名字。比如说笛卡儿，他是法国的哲学家，也研究物理，又是一位数学家。还有莱布尼茨，他是德国的哲学家，同时也是数学家和物理学家。还有说过 “人是一株会思考的芦苇” 这句名言的帕斯卡，他是物理学家，同时也是一个十分虔诚的基督教徒。通过这些人，我们可以看出在 17 世纪人们是如何看待科学的。

牛顿所处的年代比这些人要早一点，有趣的是，他是一位科学家，但在晚年却十分热衷于神学，而且据说他还搞过炼金术。因此，物理学告别炼金术这些魔法，并与宗教冰释前嫌，这简直就是在牛顿一个人的脑海里上演的一台戏。

我们再说说化学。化学与炼黄金炼长生不老药的炼金术有着不解的渊源，但到了 17 世纪，出现了一位叫波义耳的化学家和物理学家，他明确提出化学应该与炼金术划清界限。这件事发生在 17 世纪末，在此之前，人们搞炼金术的目的是为了炼金炼药，但这些事情都是为了满足人类的欲望，搞来搞去还是有很多搞不清楚的地方。于是波义耳提出，自己已经脱离了炼金炼药的目的，决定纯粹以追寻自然规律为目的来研究化学。波义耳的宣言，意味着将过去炼金术士所做的事情，从追寻一个自然规律的实验的角度继续做下去。为此，他用了

"自然哲学"这个词，并以此为目的进行实验。

现在我们很少用自然哲学这个词了，但在以前，物理学也是被归入哲学之中的，因为从辞源上说，哲学（philosophy）原本是"热爱知识"的意思。其中，phil是热爱的意思，比如音乐中的philharmonic一词，就是"热爱音乐"的意思；sophia是智慧、知识的意思。因此，波义耳的意思是，他要以热爱知识为目的来进行化学实验。

到了17世纪，科学已经成为一种纯粹的自然哲学，也就是说，人们认为科学就是找出自然深处的规律，追寻和认识自然的本质。大家可能知道，科学在德语中叫作Wissenschaft，其中wissen是代表"认知"的动词，德国人将了解、认知的过程称为科学。在17世纪，科学被认为是一种智力劳动。

实验的确立及其应用

就像我刚才所讲的，在认识自然这一点上，只是单纯地观察自然，或者只是在书房里闷头思考，是很难发现真实的自然规律的，因此我们需要使用实验的方法。伽利略所发现的惯性定律等自然规律，只靠观察自然是绝对做不到的，因为我们能看到的现象是，如果没有外力作用，那么运动的物体就会停下来。如果排除空气阻力、摩擦力这些阻碍之后，真实的情况又是怎样的呢？要想知道这一点，我们必须要主动去影响自然，换句话说就是人为地对原本的自然现象加以改变，使得隐藏在背后的自然规律暴露出来，这样的方法就是实验。

在伽利略的时代，人们所做的实验也就是从比萨斜塔上扔东西，用各种长度的绳子吊着各种重量的物体摆动，或者让各种重量的物体从斜面上滚下来。这些实验很难说是对自然进行多大的改变。不过，随着物理学和化学的发展，人们也拥有了更多更先进的改变自然的方法。

比如说，伽利略用不同重量的物体对空气阻力进行实验，然后思考如果物体的重量非常大，大到可以忽略空气阻力的影响时会出现怎样的情形，这是一种思考实验的做法。或者如果绳子非常长，甚至长度无限的情况下，摆的周期会是怎样的，这些实验实际上是做不出来的，只能通过逻辑推理来完成。

17世纪时人们发明了真空泵，它可以把空气抽出来，有了真空泵，我们就能够制造一个几乎没有空气的空间。如果在这样的空间里进行落体实验，我们不需要推理，就可以直接观察到所有物体以相同速度下落的结果。实际上，现在有很多学校里都会做这样的实验，把一个玻璃筒中的空气抽光，然后从上面让不同的东西落下，无论是羽毛还是石子都是刷地一下就掉下来了。我们身边的自然界充满了空气，因此制造一个真空的空间就意味着对自然的改变。随着实验技术的不断进步，现在我们不必依靠推理，就可以亲眼看到各种现象。

随着科学的发展，比如说分子、原子之类的理论，现在已经是确定的东西了，但这些东西最初是无法直接观察到的，因此它们的存在都是通过非常间接的方法推理出来的。现在我们改变自然的能力有了很大提高，在电子显微镜等技术的帮助下，我们已经可以直接观察到分子和原子了。

到了原子的存在，或者说基本粒子的存在这样的阶段，我们就必须通过强大的力量对自然进行改变，才能够观察到它们。这种力量不是魔法，也没有什么秘密，也不需要念咒语，只要有足够的钱和技术，任何人都可以制造出这样的装置，但这里却有一个很大的问题。

人们发现物质都是由原子构成的，原子当中有原子核，通过这些实验，人们发现了铀原子的裂变。这一现象的发现，按照 17 世纪的观念来说，从 "认知" 的角度来看是十分喜悦的，但另一方面，人们发现裂变可以产生巨大的能量，随之便产生了担忧。

17 世纪的科学只是停留在认知的层面上，而到了 18 世纪，则出现了各种各样的实际应用。科学所使用的实验方法展示了改变自然的可能性，于是人们发现可以为了自己的便利而改变自然。科学逐渐脱离单纯的了解自然、认识自然、发现自然规律的范畴，运用科学实验中那些改变自然的技术，就可以改变自然来满足人类的欲望，科学的方向也逐渐从认识自然转变为改造自然。比如说，18 世纪瓦特发明了蒸汽机，与此同时，化学也日趋完善。法国化学家拉瓦锡将化学确立为一种真正的自然科学，但随后也涌现了各种化学的实际应用。

于是，人们开始不断制造出自然界中不存在的各种化合物，而蒸汽机的发明引发了工业革命，为人类社会带来了剧变。19 世纪，蒸汽机开始在铁路上大规模运用，还出现了蒸汽船。在电的领域，人们发现了摩擦起电吸引物体的现象，后来又观察到用金属棒触碰挂在另一根金属棒上的青蛙，青蛙的腿会抽动的现象，于是由此发明了电池。再后来，法拉第发现了电磁感应现象，催生出了发电机和电动机。

就这样，人类从蒸汽时代进入了电气时代，随着各种科学产物的不断出现，各种利用科学成果而制造出的机器率先在欧洲得以普及。于是，相对于在科学发展上处于落后地位的其他大陆来说，欧洲就占据了明显的优势地位。进入 19 世纪之后，和 17 世纪不同，科学被认为是一种对人类非常有用的东西，从这个意义上来看，19 世纪是一个歌颂科学的时代。

歌德的科学批判

然而，在这样的时代中，也并不是所有人都乐观地歌颂科学，有一些人对于所谓的物质文明抱有另外一种看法。例如，从某种意义上说，歌德对于科学这种东西的态度是怀疑和批判的。歌德对科学非常感兴趣，他对科学的批判在于，科学家通过改变自然来找到自然规律，但他并不喜欢这种实验的方法。

获得诺贝尔物理学奖或者化学奖会得到一块奖牌，这块奖牌上的图案是什么样的呢？其中一面当然是诺贝尔的肖像，而另一面的图案是两个站立的女人。站在中间的女人戴着面纱，旁边刻着拉丁文NATURA，也就是英语中的 Nature（自然）。站在旁边的女人用手掀起 NATURA 的面纱看她的面容，旁边刻的拉丁文是 SCIENTIA，也就是英语中的 Science（科学）。

这个图案是什么意思呢？自然女神戴着面纱，不肯显露真容，而科学则负责掀开面纱一睹真容。诺贝尔物理学家和化学奖奖牌上的这一图案，正是科学的象征。

从刚才我们讲过的伽利略的故事可以看出，自然并不愿意展现出真实的规律，在空气阻力和摩擦力的阻碍下，自然绝对不会展现真实的惯性定律，只有人为挑选出一些基本不受空气阻力影响的现象时，自然才会展现出惯性定律。从这个意义上说，空气就相当于面纱，我们通过实验掀开面纱看到了真容，这从某种意义上说也许是一种对自然的亵渎。

贸然掀开女性的面纱是很不礼貌的，会挨骂，同样，科学对于自然的所作所为，从某种意义上说也可以看成是一种亵渎，因此歌德对科学持批判的态度。

不仅如此，歌德还有另一种和科学家正好相反的观点。科学家认为通过实验所观察到的自然的反应就是真实的自然规律，但歌德认为通过实验这种人为方式所观察到的自然，并不是自然真实的样子。歌德是一位诗人，他有这样的想法也不奇怪，也正是因为如此，歌德对牛顿是非常反感的，对于牛顿在《光学》中提出的关于光的理论尤其反感。当时还没有现在这样的光学理论，牛顿发现白光可以通过棱镜分解成七色光谱，因此他认为彩虹的七色光合成起来就是白光。歌德非常反对这一观点，他认为这是不可能的，于是自己也做了各种实验，试图建立一种与牛顿相对抗的光学理论，并发表了一部题为《颜色论》的庞大著作对牛顿进行批判。

歌德认为，科学家通过实验对自然进行"蹂躏"所看到的自然，其实并不是自然，以活生生的姿态直接展现在我们面前的才是真正的自然。在对牛顿的批判中，歌德这样说道："牛顿所说的全是错的，他的错误的根本原因在于试图以简单的东西为依据去解释复杂的东西，而我则是以复杂的东西为依据去解释简单的东西。"

牛顿让太阳光穿过棱镜，于是在后面的屏风上出现了七色光谱，歌德则是透过棱镜来看白色的东西，比如说透过棱镜看一面白色的墙壁，墙壁看上去绝对不会是七色的。如果白色的墙壁上有一块黑色的部分，那么在黑白交界的地方会出现七色，但即便如此，如果没有这种交界的地方，那么即使透过棱镜看白色的墙，也只能看到白色，因此牛顿的观点的错误的。我们也不能说歌德对牛顿的反驳很幼稚，随着物理学的发展，实验的方法也越来越夸张，而我们通过实验结果所看到的自然的样子，与我们在日常生活中所见到的自然的确是完全不同的。

比如说，现在物理学所说的自然，也就是物理学家所认为的自然，其中所有的东西都是由原子构成的，而原子又是由基本粒子构成的，而基本粒子虽然叫粒子，却与普通所谓的粒子是完全不同的东西，因为它们具有波动的性质。这些东西和我们日常所见到的粒子、波动是不同的，没办法用日常用语来进行表述，只能使用数学这一非常抽象的语言。

在这种物理学的世界中，并没有我们日常世界中的颜色、热、冷、声音之类的东西。在物理学的世界中，颜色就是光波的振动频率，声音就是空气中波的振动频率，温度就是原子和分子不断运动的能量，即原子和分子做不规则运动的速度。于是，颜色、声音、冷、热，以及其他各种体现自然魅力的现象，在物理学的世界中全都变成了振动频率、动能这些东西。因此，用实验这一物理学的方法所看到的世界，是一片索然无味的世界，作为诗人，歌德自然非常厌恶这样的世界。

科学的原罪性

另一种对科学的批判，就是我们开头所说的，科学产生了一些不好的影响。在 17 世纪，科学的重点是认识自然、解释自然，通过这一过程，我们人类也可以参悟上帝开天辟地的神迹，这是一件好事，但如果我们对自然的改变越来越厉害，就会有人认为这是对自然的一种亵渎了。刚才我们说过，物理学的世界距离我们日常生活的世界已经非常遥远了，是一个索然无味的世界，但这并不是说物理学的世界就与日常生活的世界无关。如果物理学家只是在自己的世界里玩的话倒还不要紧，但如果搞出原子弹这种东西的话，肯定就会有人开始产生疑问，科学到底对人类是好还是坏。

对于科学的这种疑问，其实在以前科学还没有现在这么大力量的时候，人们就已经隐隐约约有所察觉了。有很多证据表明，古人就已经有"科学是可怕的""科学不一定是好东西"这样的想法了。

其中一个例子是希腊神话中的一个故事。在各国的神话中都有关于宇宙是如何诞生的，以及关于动物、植物和人类是谁创造的这样的故事，在希腊神话中，创造万物的是厄庇墨透斯和普罗米修斯这两个神，他们两个是兄弟。希腊神话的一大特点是神和人是非常相似的，希腊神话中有很多神，他们分为不同的等级，有不同的专业领域，和人类世界非常相似。

厄庇墨透斯和普罗米修斯创造了各种生物。首先，弟弟厄庇墨透斯创造了鸟、兽、虫等动物，并为每种动物赋予了一种能力。他给某些动物赋予了尖角，给某些动物赋予了尖牙，给某些动物赋予了蓬松的毛皮，给鸟赋予了用来飞翔的翅膀，给某些动物赋予了飞速奔跑的能力。最后，他创造了人类。

由于把各种能力都给了动物，现在已经没有什么能力可以给人类了，因此人类就像我们现在所看到的一样，没有尖牙、没有尖角，除了头上之外也没有多少毛，跑的速度也不是很快，也没有能够飞翔的翅膀。但是，这样一来人类就要被其他动物干掉了，于是厄庇墨透斯找哥哥普罗米修斯商量该怎么办，普罗米修斯说，那我就送给人类一个好东西吧。他从天上把火偷了出来交给了人类，于是人类就掌握了如何使用火，这是其他动物都不会的。

结果，人类有了火，就不会受其他动物的威胁，尽管没有尖牙、尖角、利爪、翅膀和毛皮，但人类可以用火冶炼各种金属，制作衣服，并用火来驱赶动物。

普罗米修斯从天上偷走了火并把它交给了人类，这一行为激怒了希腊神话中地位最高的神宙斯。宙斯对普罗米修斯降下惩罚，用锁链把他绑在高山上，让老鹰还是秃鹫啄食他的肝脏，非常残忍。普罗米修斯的肝脏具有很强的再生能力，被啄食之后马上就能长回来，于是他只能永远遭受这一痛苦的惩罚。

火的使用是人类文明的一大基石，很多技术都是从火衍生出来的，这与科学的特质很相似，因为很多技术也是从科学衍生出来的，比如蒸汽机、核能以及其他很多东西。也就是说，普罗米修斯把火交给人类，也就相当于把科学这样的东西交给了人类，或者说是赋予了人类运用科学的智慧。然而，普罗米修斯却因为这件事受到了严厉的惩罚，这也许有点牵强附会，但在古希腊这一文明起源的时代，火的使用中似乎就包含了会受到某种惩罚的要素。

刚才已经好几次提到了歌德，好像我只知道歌德的事，下面还是要再讲一个歌德的例子。我们之前也提过，歌德的《浮士德》中的浮士德是一位现实中存在的炼金术士，浮士德与恶魔梅菲斯托费勒斯定下了契约，借用恶魔的力量做了很多事。在第五幕的结尾，有这样一个故事。

浮士德用梅菲斯托费勒斯的力量做了很多事，最后他用这一力量赢得了一场战争，作为奖励，国王封给他一块土地。这块土地是海岸边上一块贫瘠之地，大概是一块湿地，反正不是什么好的土地，不过国王说这块地随便你怎么用。于是浮士德准备用梅菲斯托费勒斯的力量在这里建立一个理想国。他填埋湿地、挖掘海岸，建了一个大港口，这样就会有很多船从外国运东西过来，他的国家就会变得繁荣起来。这其实就是搞土地开发吧。

浮士德用梅菲斯托费勒斯的力量开挖运河、填埋湿地、建造港口、大兴土木，但是这块地上住着一对老夫妇，他们长年以来一直在这里帮助在湿地里遇到困难的旅行者，以及遭遇海难被冲到岸上的水手。老夫妇的房子挡了路，于是浮士德想让他们搬走，当然，这件事也不能硬来，于是浮士德承诺把填埋之后最好的一片地给他们，请他们先换个地方住，可是这对老夫妇却怎么都不肯答应。

梅菲斯托费勒斯生气了，杀死了这对老夫妇，浮士德也因此受到了良心上的谴责，决心脱离恶魔的力量。这个故事看起来感觉特别像我们现在对鹿岛的开发、陆奥小川原的开发、志布志湾的开发，这些地方是要通过建立工业区来促进土地的繁荣。当然，歌德当时想的并不是要建立石油工业区，但可以说他预见到了这类开发计划当中所包含一些恶魔式的要素。

无论是希腊神话，还是歌德的这些观点，从中我们可以看出，从古代开始，人们的内心当中就已经具有这样一种感觉，认为科学当中是不是存在像普罗米修斯一样会遭到天谴的东西，抑或是像梅菲斯托费勒斯一样属于恶魔的东西。

但另一方面，普罗米修斯因为把火交给人类而受到惩罚，关于这个故事，有一些文学作品中将普罗米修斯描写成反面人物，但不可思议的是，或者其实并没有不可思议，而是理所当然的是，将普罗米修斯看成是不惧宙斯的权威，为人类带来火的英雄，对其进行赞美的作品反而是绝对的主流。就连歌德在写到普罗米修斯时，也表达了对他的赞美。

在科学诞生的欧洲，也同时存在对科学的恐惧，以及认为科学当中有会遭到天谴的要素的思想。在某一时期，大家赞美科学，在某一时期，大家又厌恶科学；有些人赞美科学，有些人厌恶科学。在欧洲人的心目中，同时流传着这两种截然不同的态度。

我认为，科学当中确实有特别遭天谴的要素，我们不能忘记这些东西。但与此同时，我们能不能干脆不要做这些事了呢？也不行。正如人类不用火就无法与其他动物竞争一样，没有科学我们也无法生存下去，这是一个矛盾。

《圣经·旧约》的创世纪中也有类似内容，亚当和夏娃偷吃了禁果，被逐出伊甸园。这里也体现了人类拥有知识即是原罪这种思想。我不是基督徒，不过当原子弹爆炸实验成功时，奥本海默曾说过这样一句话："物理学家们已经尝到过罪孽的滋味，这种滋味他们无法忘记。" 奥本海默的原话是用英语说的："The physicists have known sin and this is a knowledge which they cannot lose." 知识即是原罪，奥本海默在原子弹实验中感受到了自己所一直为之奋斗的物理学所具有的强大破坏力，于是才说出了这样一句话吧。

说到这里，有人可能会说，知识即是原罪，应该是说知识被恶用才是罪恶的，而知识本身并没有善恶之分。人类懂得如何改变自然之后，为了人类的利益不断对自然进行改变，这才是问题所在，而科学本身也没有善恶之分。也就是说，罪不在科学，而在于对科学的恶用，我觉得应该有很多人都是这样想的。

　　然而，现在的世界又是怎样的呢？科学无法仅停留在解释自然、认识自然的阶段，这就是现在的文明所处的状况，就是说知道的东西就必须得做出来。因此我们必须思考，这种状况到底是从哪里冒出来的。也就是说，只要不实际去改变自然，也不要试图利用它去满足私欲，问题就不会发生，这样的说法所无法解释的要素，就包含在我们现在的文明之中。这到底是怎样一种要素，又是从哪里诞生的，这是我们必须要思考的一个问题。

二

物理学的普遍性与抽象性

进入 20 世纪之后，科学与工业之间的联系越来越强，物理学本身在进入 20 世纪之后也发生了巨大的变化，出现了原子物理学。原子的想法在近代科学中是化学先提出来的，花了不少时间才成为物理学的基本思想，进入 20 世纪之后，原子的想法才被大部分物理学家所接受。19 世纪中，科学催生出了各种应用，这些东西让人们的生活变得十分丰富，尤其是欧洲人民，由科学衍生出的技术为他们的生活带来了非常多的福利，因此当时大家都在歌颂科学，整个欧洲弥漫着对科学的赞美，这一思潮也延续到了 20 世纪。

20 世纪中叶，发生了一件十分震惊的事情，原子物理学中诞生了原子弹这种十分恐怖的武器。在 17 世纪，人们认为科学是为了认识自然，但后来人们并不满足于这一点，而是开始用科学更多地去改变自然。如果不加以改变的话，我们身边的自然是绝对不会发生这种现象的，这说明人们逐渐掌握了更多改变自然的方法。像原子弹这种自然界中所不存在的巨大的能量释放现象，正是改变自然所带来的结果，这一结果造成了巨大的自然破坏，人们也由此看到，从某种意义上说，科学当中确实存在一些令人不快的要素。

下面我想讲一讲 20 世纪科学的特征。首先，相比以往的自然规律来说，20 世纪的科学家所发现的自然规律具有更大的普遍性。什么叫普遍性呢？就是说用非常少量的定律，就能够解释范围很大的，乍看之下属于不同领域的现象，我们逐渐发现了更多这样的规律。

正如我之前所讲到的，牛顿的发现之所以是划时代的，其中之一就是他通过引入万有引力的理论，将天体的现象和地表物体运动的现象这两种看起来非常不同的东西，纳入到同一套规律的支配下。因此我们可以说，牛顿力学比以往的力学更具有普遍性。

进入 20 世纪之后，人们还发现了支配物理学各个领域的规律。比如说，物理学中有研究物体运动的力学、研究声音的声学、研究热的热学、研究光的光学、研究电磁的电磁学，等等，对于其中每个领域中的现象各自由怎样的规律所支配，人们在 19 世纪的时候就已经搞清楚了。比如说，声音是空气的振动，因此声学和力学遵循同一套规律，这一点人们很早之前就已经知道了。19 世纪的另一发现是，光也是一种电磁波。由于光和电磁波是一回事，因此电磁定律自然能够支配光学现象。此外，如果对热的现象引入原子假说，也就是一切物质都是由原子构成的这一假说，那么热现象就能够纳入原子运动、原子力学的定律体系中，这一点在 19 世纪也已经被发现了。

但是在 19 世纪，一切物质都是由原子构成的观点还只是一种假说，很多物理学家是反对这一观点的。进入 20 世纪之后，我们可以用实验直接证明原子的存在，热的现象也被十分确凿地纳入原子力学定律的体系之中。因此，到了 20 世纪，几乎没有人再反对原子论了。后来，人们又搞清了原子本身的结构，并搞清了原子内部是由什么规律支配的，这就是量子力学。

接下来，对于构成原子的更基本的粒子，它们又是由什么规律支配的，这成为了 20 世纪下半叶物理学的一个重大课题，到现在依然还在研究当中。实际上，现在我们还没有完全搞清楚基本粒子的规律，尽管如此，物理学中各个领域的现象都可以统一用基本粒子的规律或者量子力学这一原子内部的规律来理解，也就是说，所有这些现象最终都是由量子力学或者基本粒子的规律支配的。

而且，与物理学属于不同学科的化学，实际上也是受量子力学支配的，最近在生物学领域中，人们发现遗传现象中将父母的性状传递给孩子的遗传基因，其实是一种叫作 DNA 的大分子，于是它必然也受量子力学的支配。

像这样，不仅是物理学中的各个领域，包括化学以及生物学的一部分，如此广泛的现象，最终都是受量子力学，或者是目前正在研究之中的基本粒子理论这一基本规律的支配，这可以说是 20 世纪的一大发现。

所谓规律具有更大的普遍性，其实就是我们刚才所说的牛顿将天体运动和地表运动统一为同一套规律的延伸。然而，和牛顿的时代相比，受一种更具普遍性的规律所支配的世界，与我们所看到的世界相比就会变得更加不同。

运动、声音、光、热，甚至是生物的遗传、孩子和父母相似的现象，这些东西从我们的经验上看都是完全不同的。也就是说，感觉一个东西是热或者是冷的现象、光进入眼睛让我们看到东西的现象、孩子和父母长得相似的现象等，这些在我们的日常世界中都是完全不同的现象。同时支配这些现象的规律，必然无法用日常生活中的诸如位置、速度、冷热、蓝色或红色这些直观的语言来表述。既然是受统一的规律所支配，那么这一规律中就不会出现冷热、蓝色或红色这样的词，也就是说，物理学所发现的普遍规律得以成立的世界是没有颜色也没有冷热的，而我们的世界正是由这些抽象的、索然无味的东西构成的。

物理学家头脑中的世界，是一个由支配我们世界的规律所构成的世界，是一个索然无味的世界，因此作为诗人的歌德，对于物理学将这样一个抽象的世界呈现在我们面前，是感到十分厌恶的。不光是歌德，我们也会觉得物理学的世界是非人格的、非人类的，很多人也对此感到厌恶，但除了好恶之外，还有一些问题是值得我们注意的。

我想说，物理学之所以会研究这样一个与人性距离十分遥远的世界，并不是凭空想象出来的，也不是单纯地对自然进行观察而得出来的，而是通过实验的操作，实际验证了自然的样子，才发现了这样一个世界的。也就是说，物理学家通过实验的方法对自然进行改变，从而成功地让自然暴露出她原本的样子。

换句话说，物理学家在实验室里所做的工作，就是要在这个与日常世界大不相同的异常世界中产生这些异常的现象。不过，在实验室中能够实际产生日常看来十分异常的现象，并不代表在实验室之外就无法产生这些现象。比如说，物理学家在实验室中发现了铀原子核的裂变现象，后来在实验室之外也能够实现了，于是就造出了原子弹。

20 世纪的悖论

到 19 世纪，或者说到 20 世纪初期，人们也能够在实验室中，甚至是实验室外产生出日常生活中所不存在的现象，并通过这些现象制造出了各种东西，但那时候的物理学普遍规律所支配的世界，与我们日常世界之间的距离还没有那么远，它们之间的区别也没有现在这么显著。因此，对于科学蕴藏着如此异常的可能性，普通人，甚至是科学家都未曾想到过，所以大家都觉得科学是一种为日常生活带来各种便利的好东西。

的确，科学所衍生出的各种机器和产品可以产生出一般情况下所无法产生的现象，这些现象并不是特别偏离日常生活，因此大家还可以放心地使用它们，特别是欧洲充斥着各种科学技术的产物，也因此获得了空前的繁荣，大家也都对科学赞美有加。

之前我们提到过歌德，他对于科学所展现出的异常世界感到十分不快，并认为开发自然是一种恶魔般的行为，但即便如此，歌德依然无法忽视科学的恩惠，从某种意义上说，他也表达了对科学的赞美。在歌德的《浮士德》中，浮士德与梅菲斯托费勒斯定下了契约，做了很多恶魔般的事情，也从事了开发自然的行为，但最后他并没有下地狱，而是得到了上天的救赎。

进入 20 世纪之后，由于原子弹的出现，19 世纪时那种乐观的态度随之烟消云散，之前我们也说过，在原子弹实验成功时，奥本海默曾感慨物理学家尝到了罪孽的滋味。此外，大家可能也听说过在苏联研制氢弹的萨哈罗夫，他也曾向苏联政府建议停止核试验，并因此陷入了悲惨的命运。

尽管如此，从现在的科学及其衍生物来看，科学家和工程师依然在不断开发着核武器或者与之相关的恐怖的东西，而且这些人是竭尽自己的智慧和能力在制造着这些恐怖的，或者令人厌恶的东西。这是事实。我很想知道他们做这些事的动机到底是什么。在这一点上，他们与 19 世纪的科学家和工程师的所作所为是截然不同的。

19 世纪的科学家和工程师也会利用科学来制造新的机器或者新的产品，但他们的目的是为人类谋福祉。相对地，现在的那些非常卓越的科学家和工程师们，以及那些卓越的美国和苏联的政治家们，却在不断制造着核武器，这到底是为什么呢？我们有必要思考这个问题。我们有必要深入地思考一下，这些科学家和工程师到底是怀着怎样一种心态去做这些令人厌恶的事情的。

对于这个问题有很多看法，比如说科学家和工程师通过这种研究和开发可以获得巨额的报酬，或者通过制造这些新东西可以让自己出名，这些因素我觉得是存在的，但我还有另外一种看法。在 20 世纪下半叶的现在，科学已经算是非常先进了，正是科学的巨大进步才造成了这样的现象。我们说这是一种与日常生活所不同的异常现象，这个异常越大，威胁越大，或者说越恐怖，科学家和工程师反而更愿意去制造这样的东西，这是一种非常矛盾的悖论，而我认为这样的状况就存在于我们现在的社会结构中。

如果科学能够制造出恐怖的东西，那么我们应该不去制造这样的东西，拒绝这样的东西。如果说拒绝才是一个理性的选择，那为什么越是恐怖的东西越是要去造呢？到底是怎样的状况才会造成这种荒唐的结果呢？这样的悖论又是如何出现的呢？为什么科学家、工程师和政治家会做出如此矛盾的行为呢？如果我们简单了解一下原子弹问世的过程，也许就能够明白其中的缘由了。

最早制造出原子弹的是美国科学家，大家可能也知道，当时是处于第二次世界大战期间。当时，美国、德国以及其他一些国家的物理学家都知道，利用铀核裂变制造具有巨大威力的原子弹，至少在原理上是可行的。铀核裂变现象是在二战爆发之前的 1939 年，由德国科学家哈恩和斯特拉斯曼发现的，不过这两个人不是物理学家，而是化学家。他们发现在铀核裂变的过程中会释放出巨大的能量。因此，无论是美国的科学家，还是德国，甚至是日本的科学家，都知道利用这一现象制造武器的可能性。接下来战争就爆发了。

于是，美国科学家们觉得，既然大家都知道这件事是可行的，那么作为敌人的纳粹德国科学家当然有可能制造出这样的武器，这对于他们来说无疑是一种噩梦般的恐惧感。如果人们都不知道这种可能性还好，但不幸的是，现在人们知道了，而且不光是自己知道，作为敌人的德国物理学家也知道。如果德国科学家先造出来了怎么办？我们会被德国干掉吗？美国科学家们觉得这太可怕了，于是他们说服了罗斯福总统，启动了制造原子弹的曼哈顿计划。

后来大家才知道，当时德国科学家虽然知道制造原子弹的方法，也进行了一定程度的实验，但最终并没有真的要造原子弹。但知道这件事的时候，战争已经结束了，德国已经投降了，在此之前，美国科学家一直被这种强烈的恐惧感所笼罩，这一点我们应该可以感同身受。原子弹是因为自身的恐惧感而制造出更恐怖的东西的第一个例子，但后来这样的事情却接连发生。

首先，在二战期间，苏联科学家也知道原子弹的可能性，但没想到美国真的会把这东西造出来。美国已经制造出并且拥有了原子弹，这次轮到苏联科学家笼罩在美国核威慑的恐惧之下了。于是，苏联科学家也开始不惜一切代价制造原子弹。

后来，人们又发现了制造出相当于原子弹上千倍威力的氢弹的方法，美国和苏联都觉得，如果自己不去制造的话，就会被对方抢先，这样是万万不行的，于是双方都造出了氢弹。这样的状况，到现在依然在继续。当知道一方要造某种东西，或者说知道了一方能够造出某种东西，那么另一方就被迫也要造出这种东西，因为如果被对方抢先的话，局面就会变得糟糕，现在这种状况依然没有改变。

从这段历史来看，如果科学和技术不再发展的话那么还好，但只要有发展的空间，只要新发现和新理论产生出制造新东西的可能性，那么人类内心深处近乎本能的那种恐惧感，也就是害怕被对方抢先的恐惧感，就会驱使人类不断制造出威力更大的武器，或者不断提高武器的性能。即使自己知道这种想法是不对的，也无法抗拒这样的冲动。如果科学家被恐惧感所驱使，现在问题还仅仅局限在美苏两国之间，只要其中任何一国的科学家闪现出一个科学发现，或者是一个技术发明，或者哪怕仅仅是一个新的想法，这种"闪现"本身就足以让另一方产生恐惧感。

科学规律是具有普遍性的，因此基于这种普遍规律所发展出的技术，和科学一样也是具有普遍性的。没有什么规律是对一个国家成立而对另一个国家不成立的，因此自己发现了一个东西，不能保证其他国家的科学家发现不了这样的东西。于是，我们就会自然而然地怀疑对方是不是也早就已经发现这个东西了。

说不定对方比我们走得更快，再磨磨蹭蹭的话必输无疑，而且这一输可能就是致命的，于是就必然会产生将想法付诸实践并制造出实物的冲动。这时，科学家没有时间去深入思考制造这样的东西对人类的未来会产生怎样的影响，而是不管三七二十一必须得造出来。当科学家在这种恐惧感的驱使下去制造某种东西时，政治家也会感到恐惧，他们会不惜投入大量的财力为了国家安全去推动这样的研究和开发，造出大量的武器并拿在手里以备不时之需，而且不只是想想而已，而是真的会付诸行动。

此外，现在很多人认为，为了国家利益或者为了保卫国家安全，是可以行使武力的。只要这种想法存在，之前所说的这种令人作呕的状况是不会消除的。正所谓手中有粮心中不慌，正是这种备战心态驱使着科学家、工程师和政治家。但在现在的状况下，即便手里的粮再多，还是做不到心中不慌，因为将来还会出现更多新的发现和发明，这才导致了现在这种矛盾的状况。

科学会一直进步下去吗？

大家可能会问，既然有那么多钱，那么多人力，那么多智力，为什么非要利用科学来制造那些恐怖的武器呢，为什么不能利用科学来增进人类的福祉，或者帮助那些发展中国家的人民过上更好的生活呢？这是因为增进福祉这件事，无法和我们刚才所说的恐惧感发生联系。不增进福祉并不会马上亡国，这不是一个特别急迫的问题，也就是说，即便对方先增进了福祉，也不用担心这一点会对自己造成什么致命的打击，因此这些事是可以从长计议的。于是，大家都忙着去制造那些不好的、恐怖的东西，但在制造好的东西上，恐惧感却完全发挥不了作用，这真是一个充满讽刺意味的状况。

刚才我们讲的都是核武器，但这种局面在更小的规模中也会出现。比如企业之间的竞争，我们只不过是把国家换成了企业，把战争换成了竞争，上述局面依然是存在的。也就是说，只要存在竞争，当出现新想法、新发现的时候，企业家和企业中的科学家、工程师也会担心竞争对手是不是也已经知道了，也会存在害怕对方比自己先做出来的恐惧感，尽管这种恐惧感与被核武器干掉的恐惧感没法比，但是大家自然而然地会害怕自己的公司被对手击垮。

　　于是，每个企业都被这样一种冲动驱使，希望把所有想到的东西都变成现实。而一旦真正制造出产品，又要想着怎么把它卖掉，于是就会用十分夸张的广告吸引消费者来购买这些产品。现在闹得沸沸扬扬的洛克希德丑闻[1]，可以说就是由美国航空器业界的激烈竞争所引发的。在日本国内，各大航空公司之间的竞争，以及贸易商社之间的竞争同样十分激烈，害怕被对手击垮的恐惧感，驱使着这些企业盲目地制造产品，然后千方百计地将产品卖出去，甚至不惜动用贿赂的手段。我们可以说，在现代文明中，尽管不都是核武器这种血淋淋的东西，但弱肉强食的竞争的确造就了上述这些诡异的状况。

　　这种从 20 世纪下半叶开始愈发显著的充满矛盾的异常状况，到底是一种暂时的病态呢，还是一种会一直延续到下个世纪甚至更远的必然趋势呢？我也很想知道这个答案。就像我刚才说的，至少，如果科学技术不会继续进步，到了不会再产生什么新的东西的时候，这种异常状态也就能够得以平息了吧。

　　对于科学是不是有一天真的会停止进步，作为一个科学家，我觉得自己有必要思考一下这个问题。首先，我们先要看一看什么叫科学的进步。人们之所以会制造出像核武器这种自然界中不存在的极其夸张的东西，是因为科学家和物理学家在探索普遍自然规律的过程中需要进行实验，而在这些实验中会引发我们日常生活中所不会发生的自然现象，从而发现一个与我们的日常生活大相径庭的世界。我们刚才所说的进步其实就是这个意思，于是我们的第一个问题就是这样的进步会持续到什么时候。

---

1. 美国洛克希德公司为推销其新型客机，向包括时任日本首相的田中角荣在内的多位日本政治家行贿高达 5 亿日元，是一起震惊世界的腐败事件。这一丑闻于 1976 年 2 月被公之于众，正好是在这次演讲的半年之前。——译者注

还有第二个问题，拿核武器来说，如果到了一个国家之间不允许进行军备竞赛或者战争的时代，那么这种诡异而矛盾的状况也就不复存在了。那么我们的问题就是，国家不再需要通过武力来保卫利益和安全，世界上也不再有战争，这样的时代什么时候才能到来。

对于第一个问题，即对于科学家探求普遍规律的可能性，有人认为总有一天会结束，会到达尽头。

现代科学中，从力学到声学、热学、电磁学，以及其他各种物理学的领域，还有化学甚至生物学的一部分，我们一直在探索支配所有上述这些领域的普遍规律，在这个过程中，我们做实验需要越来越大的机器，同时也需要越来越多的钱。照这样下去，发现新的规律会越来越难，当然，这不是说绝对做不到，但和所得到的结果相比，我们需要花费的能量、金钱、劳动力、智力等代价会变得越来越大。我们在学校里学习法制和经济的时候都学过收益递减原理，拿农业来说，通过增加施肥量等方式可以增加收成，但到达一定程度时收成的增加就会小于为此所花费的成本，这样就不划算了。有人认为对于探索普遍规律的可能性也是一样，终有一天会完结。

科学的另一面

关于我对这个问题的看法，我不认为对普遍规律的探索会有尽头，其实科学的目的也并不仅局限于此。我之前讲过，物理学的目的是以尽量少的定律去解释尽量多的现象，这可能让大家觉得探求这样的普遍规律就是科学的唯一目的，但其实科学还具有与之不同的另外一面。

除了为探求普遍规律而进行各种改变自然的实验，并在人们面前展现一个异常世界之外，物理学中还有另外一种科学，即在我们日常的自然本身之中，也就是在正常的，我们日常的世界中去寻找规律。科学也有这样的一面。因此，尽管追求普遍规律的科学目前是占据了中心地位，但我感觉会有某个时期，现在这种科学可能会让位于另一面的科学。

先是牛顿统一了天体和地表的规律，接下来物理学又逐步统一了力学、声学、光学、电磁学等领域，然后又通过量子力学统一了化学的所有领域，现在连生物学的一部分，也就是和遗传相关的部分也被归并到了物理学中。

我和桑原武夫[2]先生十分熟识，桑原先生说过一个非常符合他风格又十分恰当的词——"物理学帝国主义"[3]。我觉得这个词说得非常好，因为罗马帝国、大英帝国也不是永存的，最终都逃不过分裂成若干小国的命运。同样，相比进一步探求普遍规律，对于原本的自然中会产生怎样的现象，又是受怎样的规律所支配，探索这些未知的领域可能更有意义，这样的时代或许有一天会到来，或许这一天离我们并不远，这是我的一点感受。

之所以这样说，是因为我最近愈发感到，就算不涉及基本粒子的世界，就说在我们身边，还有很多很多未知的东西。即便阿波罗计划已经将人类送上月球，即便我们可以非常精确地描述原子内部所发生的事情，在我们身边依然有太多的东西是搞不清楚的。

---

2. 桑原武夫（1904—1988），法国文学、文化研究者。——译者注
3. "其实我也不确定物理帝国主义是不是桑原先生先提出来的，为了这个事我还刚刚问过桑原先生，他说他自己也记不清了，只记得对我说过这个词。有一位叫奥尔特加的西班牙哲学家倒是用过物理帝国主义这样的说法。"——1977 年 2 月于东京理科大学的讲座"科学与我"上的演讲

拿地球物理学这个领域来说，对于天气是如何变化的，地震是如何发生的，我们无法对这些问题进行实验，因此要搞清楚这些问题是没有捷径的。即便如此，地球物理学家们还是付出了巨大的努力，现在这一领域中出现了很多新的成果。

除此之外，对于我们身边的各种生物是如何生活的，生物和生物之间又是怎样的关系，以及我们身体内部的一些事情，尽管分子生物学可以解释遗传现象，但对于这些我们身边的现象依然还有很多搞不清楚的东西。因此，除了去探索那些只有改变自然才能发现的普遍规律之外，还有很多事情等着我们去做。我觉得可能是时候把中心的位置让给这些研究了。

对于第二个问题，也就是关于社会局势、社会结构的问题，比如改变国家与国家之间的关系，创造一个没有战争的世界，这些事情到什么时候才能实现呢？这些都是像我这种自然科学家最不擅长回答的问题，我给不了大家一个靠谱的答案，也没有这样的自信，所以只能简单说说自己的看法。

对于第一个问题，我们不知道物理学的进步到什么时候为止，或者说物理学帝国到什么时候会迎来终结，但即便假设这一时期现在已经到来，现阶段科学家们已经积累了很多的知识，因此即便科学停止进步，只要对竞争对手的恐惧感依然存在，仅靠现在已经掌握的知识，在相当长的一段时间内，依然存在制造出很多新东西的余地。这是我们必须注意的一个问题。在核爆炸实验成功的时候，奥本海默说物理学家尝到了罪孽的滋味，接下来他又说，这是他们无法忘记的知识。

这句话是说，对于已经获得的知识，物理学家是无法完全忘记的[4]因此只要世界上还有这种恐惧感，第一个问题就已经变得无关紧要了，也就是说即便现在科学停止进步，当然没有停止进步的话情况会更糟糕，如果我们不想办法尽快解决第二个问题，那么这种矛盾的状况就会依然长期持续下去。

那么我们到底应该怎样做呢？作为一个自然科学家，我没有思考过这个问题，这个问题应该留给各个领域的学者、社会科学家、政治学家、人文学家，或者宗教学家去思考，也许艺术家也应该思考这个问题。大家应该群策群力，共同推动第二个问题的解决。如果科学还会继续进步，就更要先解决这个问题，即便科学不会继续进步了，这个问题也不能放任不管。

地球物理学的问题

我要讲的内容到这里就算结束了，刚才我们讲过，寻找隐藏在自然深处的、在日常世界中不会表现出来的普遍规律并不是科学的唯一目的，也有一些科学所采用的方法是完全不同的，下面我想举个具体的例子，就是最近经常被提到的与地震预报相关的地球物理学的问题。

刚才我们提到过，地球物理学基本上是没办法做实验的，当然，一些模型实验是可以做的，但基本上不能拿真正的地球做实验。尽管如此，地球物理学家还是付出了巨大的努力，积累了关于地球的很多知识，某位地球物理学家告诉我，这些知识有望使得地震预报在一定

---

4. 奥本海默的原话 "The physicists have known sin; and this is a knowledge which they cannot lose" 中，knowledge 指的是物理学家的罪孽，而不是指物理学家已经获得的知识，这里有可能是朝永先生的理解有所偏颇。——译者注

程度上成为可能，这是基于最近发展出来的板块构造学说。我没有足够的专业知识向大家推荐地球物理学的书，但好在有一本书连外行人也能看懂，我想很多人可能也都看过这本书，就是小松左京的科幻小说《日本沉没》。科幻小说里面的东西不都是科学，但这本书有上下两部，其中上部的 180 页附近就提到了地球物理学中的板块构造学说。

小说中的地球物理学家田所博士介绍了很多相关的知识，我们知道 1912 年地球物理学家魏格纳提出了大陆漂移学说，也就是说大陆是在运动的。据说魏格纳在看世界地图的时候，发现大西洋两侧海岸线的形状是非常相关的，一侧凹进去的地方，另一侧是凸出来的，而一侧凸出来的地方，另一侧则是凹进去的，两边对在一起几乎是吻合的。于是 1912 年魏格纳提出，两块大陆在古代是合在一起的，后来才慢慢分开。魏格纳不仅提出了理论，还提出了很多学术证据，但当时的人们并未接受这一学说，后来才发现这一学说好像所言不虚。

人们发现大西洋的中间有一条裂缝，地球内部的熔岩从这条裂缝中涌出，一定程度冷凝之后朝两侧堆积，这些内容在小说里都有提到过。我听地球物理学家竹内均[5]教授讲过这方面的话题，大西洋中间从地幔中涌出的熔岩在海底凝固成了岩石，这些岩石逐渐向两侧移动，从而引发了大陆的移动。太平洋中也存在同样的情况，当岩层移动到海岸附近就会重新沉入地幔中。在日本列岛附近，当岩层沉没时会牵拉此处已有的岩层，牵拉到一定程度时，由于岩层形变所积累的能量就会释放出来，这时就会发生大地震。通过观察地形的变化，一

---

5. 竹内均（1920—2004）日本地球物理学家，曾在 1973 年电影版《日本沉没》中担任地球物理学顾问并客串出演。——译者注

点点沉下去，然后再复原，我们由此理解了地震的形成机制。物理学家遇到问题就马上想到做实验直接进行观察，而地球物理学家则通过各种间接现象的不断积累，发现了地球结构和地球变化的神奇规律。

从某种意义上说，物理学家是脑子最笨的，他们考试的时候是作弊的，背地里偷偷做个实验直接看结果，不然就答不出来。也就是说，物理学家只能掀开自然女神的面纱才能看到她的容貌。而地球物理学家则不去做掀开面纱这种冒犯的举动，而是从外面进行各种观察就可以描绘出自然女神的容貌。他们发挥了物理学家所无法企及的推理能力，通过观察和测量等各种方法得出了这一结论，我认为这是很值得惊叹的。

也就是说，不需要掀起自然女神的面纱一睹真容这种笨拙的方法，我们也有办法在蒙着面纱的情况下知道自然的真相。其实我和竹内教授也探讨过关于诺贝尔奖奖牌的话题，说起掀起面纱一睹真容，竹内教授说自然女神其实并不是光站在那里的。科学家可以先想好要问的问题，搜集好相关的证据，然后问自然女神是不是这么回事。这个问法也是很有讲究的，如果问法得当，自然女神至少会给出是或者否的回答。因此，即便不像物理学家那样掀起面纱看脸，只要对自然女神提出各种问题，通过 Yes 或者 No 的回答，在不断提问的过程中，我们也可以发现自然的真容。

我认为，至少是暂时地，物理学家的这种科学可以让位于上面所说的这种科学，这种情况是有可能发生的，也是有必要发生的。只不过，地球物理学要想真正搞清楚这些问题，需要比魏格纳时代更加精密的观察和测量，要做到这一点，就需要使用物理学家所发现的各种测量方法和各种仪器，这也是事实。